编著/王　林

SHUXUE ZHISHI GUSHI

小学生益智故事系列

数学知识故事

APGTIME 时代出版

时代出版传媒股份有限公司
安徽科学技术出版社

图书在版编目(CIP)数据

数学知识故事/王林编著. —合肥:安徽科学技术出版社,2012.1(2023.1重印)
(小学生益智故事系列)
ISBN 978-7-5337-5773-1

Ⅰ.①数… Ⅱ.①王… Ⅲ.①数学-少儿读物
Ⅳ.①01-49

中国版本图书馆CIP数据核字(2012)第214703号

数学知识故事　　王　林　编著

出 版 人:丁凌云　　选题策划:王　霄　　责任编辑:王　霄
责任校对:盛　东　　责任印制:廖小青　　封面设计:朱　婧
出版发行:安徽科学技术出版社　　http://www.ahstp.net
(合肥市政务文化新区翡翠路1118号出版传媒广场,邮编:230071)
电话:(0551)63533330
印　　制:阳谷毕升印务有限公司　　电话:(0635)6173567
(如发现印装质量问题,影响阅读,请与印刷厂商联系调换)

开本:710×1010　1/16　　印张:10　　字数:110千
版次:2012年10月第1版　　2023年1月第5次印刷

ISBN 978-7-5337-5773-1　　定价:38.00元

目　录

采娃与影子狗

地下三天两夜

访问猴国

蛇国漫记

迷路神龟岛

人参姐妹

数学
知识
故事

采娃与影子狗

采娃或许你听说过，但影子狗你肯定没有见过。他们之间发生的很多事情，你也绝对没有听说过，比如金豆豆一串、遭遇狼群，还有那个屁股的威力、魔鬼三角城……

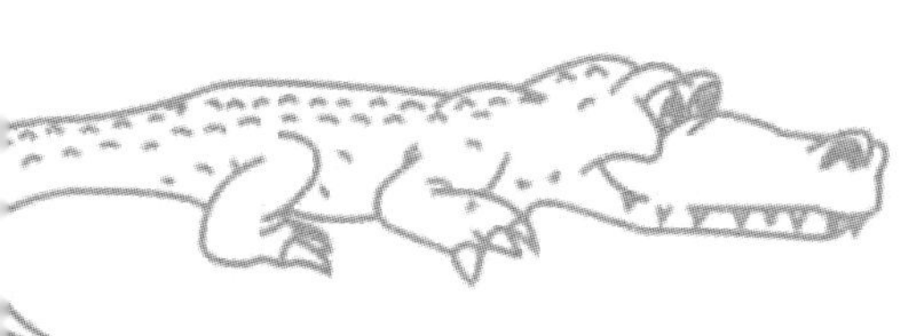

神奇的影子狗

小采娃今年10岁，住在一个小山村里，上小学四年级。出生时一条彩虹挂到他家的门口，大家都叫他彩娃。上学时，写“彩”老是忘了三撇，娃又特别难写，于是他自作主张，干脆就叫采娃。采娃不光会爬树、采野果、逗松鼠，还常常说一些让同伴们害怕、吃惊，却又非常想听的故事。在别人看来是故事，可对于采娃来说，那是真实得不能再真实的事了。

这个暑假对于采娃来说，真是非同寻常，一直到今天，他还仿佛生活在梦里。

那是个闷热的早晨，太阳挂在天空，血红血红的。采娃刚从家里出来，一只猫，不，是一只和猫差不多大的狗，就飞快地跑到了他的前面。不过，他没有注意到这些。

今天的路特别省劲儿，好像有谁推着他走，他想停下来都困难。他迷迷糊糊地跟着一只狗疯跑。但是，这只狗只是一个半透明的影子。于是，采娃叫它影子狗。树和房子飞快地往后倒去，耳边风声呼呼地响，他吓得闭上了眼睛。

睁开眼的时候，他已经来到一片黑森林的中间，周围不断闪现着各种动物的身影，奇形怪状。采娃害怕极了，在心里默默地数数，1、2、3……妈妈告诉他，只要数到10，就会有办法。

“嘻嘻，它们都是自然数变的，你能数完它们，它们就听你的了。”那个影子狗在采娃的耳边幽(yōu)幽地说。

采娃放心了，咱都四年级了，数数自然不在话下，1、2、3……可是，越数越多，采娃犯难了：这样下去何时是个头？

“你呀，要找它们的父母。”

“父母？”采娃更加糊涂了，“0、1、2、3……都是自然数，自然数的父母？”

“唉——这些动物就是模仿自然数变化的，而自然数是无限的。因此，你数到老也数不完。”影子狗怪怪地笑了，好像人在咳嗽(ké sòu)，“不过，我们可以另外想办法，让它们归队。”

影子狗大喝一声：“自然数听好了，全部散开了，然后以数字的形式，从小到大，站成一排。”

真神了，乱七八糟的东西不见了，森林里站着一排数字。

0、1、2、3、4、5、6、7、8、9。

“你看，数字只有10个，就是0、1、2、3、4、5、6、7、8、9，所有的自然数都是由它们组合而成的，它们就像是数的父母，当然，这只是比喻。

数字10人排排坐，
变出无数自然数，
数字0~9共10个，
自然数，嘿嘿——
它是无数个。”

采娃恍然大悟：“数字与数原来不是一回事啊！哈哈……”

“说得好。奖励你一个大苹果！”影子狗在空中打个倒立。

采娃笑醒了，原来在睡午觉。

这是做梦？

如果是梦，那么手里的苹果是从哪里来的呢？

自然数是人们认识的所有数中最基本的一类。为了使数的系统有严密的逻辑基础，19 世纪的数学家建立了自然数的两种等价理论，即自然数的序数理论和基数理论，使自然数的概念、运算和有关性质得到严格的论述。

一串金豆豆

这个大苹果真香啊！采娃舍不得吃，闻来闻去，太香了，他还是忍不住咬了一口。

“呵呵，痒，痒死了，哈哈，嘿嘿……”大苹果咯咯笑地躲

闪着。

大苹果一骨碌滚到地上，倏(shū)地变成了一条狗。咦？影子狗！

影子狗和采娃家的大花猫差不多大，全身金黄，没有一根杂毛，看上去恍恍惚惚的，好像一幅淡淡的水墨中国画。模样与他家的大黄狗几乎丝毫不差，方脑袋，黑鼻子，两个耷拉到下巴的大耳朵，以至于采娃把它当成是大黄狗变的。不过肯定不是，因为他家的大黄狗正躲在院子里的大树下乘凉呢。

采娃不相信，就这么一点大的狗，能把自己带到黑森林中去。它的劲儿在哪？

想到这，采娃便问它："喂！影子狗。"

"你是喊我吗？"影子狗慢慢转过头，对着采娃吭哧吭哧地笑，"也是啊，这里只有我。影子，还狗？这名字听起来不错。好，我就叫影子狗吧。找我有事？"

"你从哪里来？"采娃问。

"这个……"

"为什么到我家里来？"

"我喜欢你呀，你会爬树、捣蜂窝……"

"刚才是你带我到黑森林的？"采娃有些不耐烦。

"是的。"

"我不信！你还能带我再走一趟吗？"

"这——我让你看一样东西。"说罢，影子狗用手，不，用爪子朝门外一指，一串脚印，直直地从门口通向远方的黑森林。

采娃用脚试试，大小正合适，连最长的那个脚趾印也一模一样。嘿！就是自己的脚印，采娃满心欢喜。

影子狗鼻子里发出一声闷哼："变！"

霎时，脚印的模样也随之改变，滴溜溜地转个不停，越变越小，变成了一粒粒金色的小豆豆。

"你这是……"采娃不知道影子狗葫芦里卖的什么药。

"你蹲到门口，顺着一粒粒金豆往远处看。"影子狗跳到门口对采娃挥动着爪子。

采娃蹲下一看，我的妈呀，一粒金豆连着一粒金豆，金豆连金豆，一条金线通向远方，闪闪发光，就像一条巨大的金项链。

"你看，经过两粒金豆可以连成一条直线，沿着这条金线，撒上无数粒金豆，再连起来就连成了一条直直的金线。你来看，

一点一点又一点，

挨挨挤挤连成线，

线儿长长，点儿多多，

点点线线处处见。"

"哦，你说的就是点动成线吧？"采娃想起了老师的话。

"嗯，对极了！"影子狗在采娃的额头上"叭"地亲了一口，"嗖"的一声不见了。

"影子狗，你去哪啊？"采娃一边擦着额头的口水，一边急急地喊。

"我去……"

后面的话被一阵突如其来的风刮走了，采娃没听清楚。

遭遇狼群

影子狗走了,采娃心里空落落的。

虽然影子狗做事有些荒唐,但那是天真犯的错;他,采娃,一个小老爷们,完全可以原谅它,谁叫他们是朋友呢!

只是,到哪里去找它呢?他看着门前依然闪着金光的一串金豆豆,有了主意。

既然你影子狗能够顺着这条金线离开,我采娃就不能顺着这条金线去找你吗?

于是,采娃顺着这条金光大道,不,金光线道,直直地追了下去。

金线始终没有尽头,他往前走一步,金线就向前延伸一步,

他不停地走，金线不断地长。采娃心里恨得直痒痒，要是自己能飞，看你金线还有没有尽头。

太阳公公慢慢地隐入西山，大山的影子在一点点地拉长。

月儿升上了天空，四周回响着各种动物的叫声，此起彼伏，不绝于耳。不知不觉中采娃已经进入了森林。

采娃害怕了，虽然小伙伴们一致公认他最勇敢，但他毕竟才10岁啊！

不知何时，四周亮起了一盏盏绿莹莹的灯，越聚越多。

啊？狼群！

采娃的头嗡的一声，浑身起了一层鸡皮疙瘩。唉，完了，要被狼当晚饭吃了。

嗯？额头怎么这么痒？一定是蚊子。采娃抬手一巴掌，啪！响亮地打在头上。

咯咯咕咕的笑声响起，好似人的咳嗽声。

“啊？呵呵哈哈，影子狗！原来是你捣的鬼。”采娃高兴得跳了起来。

“你刚才跑哪儿去了？”

影子狗没说话，因为这时已经有一条狼悄悄地逼近了他们。

影子狗干咳一声，从嘴里吐出一团火，准确地喷在领头偷袭的那条大狼的身上。着火的大狼情急之下想让其他狼帮忙救火，没想到其他狼也被燃着了火。顿时，狼群四散奔逃。

影子狗架起采娃，像一阵风似的向村里飘去。

“对不起，刚才，我……我是急着去阻止一场阴谋。”

“阴谋？”

“是的，阴谋！有一种生物，当然，它不是人，想让地球上的人和动物，都得上一种非常非常厉害的病。这种病不仅动物之间相互传染、人之间相互传染，动物和人之间也相互传染。现在，他们正在把这种病菌运向地球。”

“这可怎么办？”采娃的心怦怦跳。

“好在这种生物不会拐弯，你把它放在一条直线上，它只会一直朝前走。”

“那又能怎样？迟早不还会来吗？”

“你看到金线上的几个亮点了吗？那就是它们。”

“这么近？”

“不要怕！我把这条直线引向了无边无际的太空，它们在太空无法释放病菌。直线无头无尾，它们永远也走不到头。

直线直线没有腿，
看来看去无头尾，
拿把尺子不停量，
还是不知有多长。”

“哦，原来是这样！这些害人精病菌永远走不到尽头了。”采娃挂着泪珠的小脸上，露出了欣慰的笑容。

“采娃——采娃——”妈妈在不远处呼喊着采娃。

“好了，再见！送你一颗金豆。”影子狗挥爪告别。

妈妈找到采娃的时候，他在村口的大树杈上睡得正香呢。

屁股的威力

妈妈看到采娃在树上睡着了，心疼得不知道说什么好,这要摔下来怎么得了啊！妈妈在采娃的屁股上轻轻地敲了两下。没想到妈妈的手还没挨到屁股，就被一股力量高高地弹了起来,并且屁股还发出叽叽咕咕的怪叫声。

这不仅吓着了妈妈,也吓着了采娃。是啊,屁股会讲话,这能不吓人吗？好在采娃立刻想起来了,影子狗给他的那粒金豆就放在屁股的小口袋里,可能是金豆……

采娃把金豆掏出来，金豆的肚子还在一鼓一鼓地生气呢。

“呵呵，乖，不生气，是妈妈，没事了，啊……”

采娃跟着妈妈往家走去。

路上采娃一直担心：如果妈妈问我刚才屁股的事情，我该如何回答？我是说真话，还是说假话？

直到第二天早晨，妈妈也没有再提昨晚的事，采娃悬着的心才落了地。

早晨的空气真新鲜，有股甜丝丝的清香味儿。露珠在草叶上闪着金光，小鸟在枝头鸣唱，松树在树间跳跃，就连采娃家的大黄狗也在不停地撒着欢。

采娃一高兴，就在屋前的空地上头朝下脚朝上，练起了倒立。

“哎呀，你摔疼了我。”金豆掉到了地上，不停地哼哼。

采娃一惊，一屁股坐在了金豆的身上。

“哎呀，压死我了！”金豆大叫。

啪！金豆在地上放出万道金光，直直地射向远方。采娃坐在金光上，就像《西游记》中的观世音，莲花座下金光闪闪，霞光万道，好不惬意。

“对不起，豆豆，我不是故意的。”采娃想站起来好好道歉，可是，两条腿不听使唤。

“这个嘛——，好吧，不过你要回答我一个问题。”

“好吧，什么问题，你说。”

“你看你的屁股底下，从一点（这里的一点就是我——金

豆)射出一条直线,你知道它是什么线吗?”

“从一点,射出线,哦,叫射线,老师说过,就像太阳公公射出的线。”

“是的。从一条直线上剪下一段,叫线段,剩下两旁的线只有一头有端点,而另一头没有终点。这两条线既不叫直线,也不叫线段,因为它像一条射出去的线,人们叫它射线。”

“对对!比如手电筒射出的光,可以看成射线,只有端点,没有终点。”采娃一脸兴奋。

“我们的采娃真聪明!”金豆模仿妈妈的声音夸奖道,“我有几句口诀,可以帮助你记住射线。

小小射线志四方,
一个端点无限长,
哧溜一声射出去,
不知终点在何方。”

射线:直线上的一点和它一旁的部分组成的图形称为射线。射线只有一个端点和一个方向,不可度量。

线段:直线上的两个点和它们之间的部分称为线段,这两个点叫做线段的端点。

魔鬼三角城

自从遇到影子狗，采娃的暑假生活就多姿多彩了！这不？影子狗又把他带到了一座古城。

这座古城不但古，而且怪。你看，除了古城墙、古庙，还有古井。最主要的还是怪：池塘，三角形的；花园，三角形的；房子，三角形的；古城里的人都长一张三角形的脸和一对三角眼；处处画着三角形图案，就连飘在空中的旗子也是三角形的。

更为奇怪的是，街道两旁停放着不少安着三角形轮子的车子。这样的车子如何在地上跑呢？采娃百思不得其解。

“好吧，我来让你开开眼！”说时迟，那时快，影子狗在地上刨了个小洞，对着洞一声低吼，“开！”

三角形城门吱吱嘎嘎(gā)一阵响，城门大开。街道突然宽了起来，街道两边的道路有规则地凹下去、凸出来。三角形的车轮，在这样凹凸不平的道路上，行走如飞。三角形的尖儿正好对着凹进去的地方，天衣无缝。

采娃正看得高兴，突然一切都停下来了，恢复如初，采娃很失望。

“这个古城被施了魔法，不过，你可以救他们。”

“我？救他们？”采娃吃惊地望着影子狗。

“看到地上的5根木棍了吗？”

“看到了。”

“它们的长度不等，1米、2米、3米、4米和5米。你能用这些木棒摆成一个三角形吗？”

“嗯，好吧，我来试试。”采娃轻轻地说。

采娃拿来1米、2米、3米的木棍各1根，立即摆了起来。可是，怎么也摆不成。他又拿来2米、3米和5米的木棍各1根，同样也摆不成三角形。

采娃的汗下来了，他担心救不了这个古城的人们。

“别急啊！再试试。”影子狗搓着手，不停地安慰。他只能这样做，要是它直接说出来，不但救不了这个古城，可能连他们自

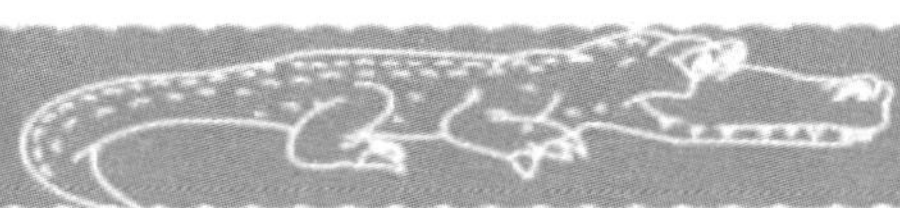

己也要遭殃。

采娃拿起2米、3米、4米的木棍各1根，放到一起，一拼，呵呵，摆成了一个三角形。

影子狗“啪”地亲了采娃一口，不过这次还好，亲在了后脑勺上，还好口水不算多。

“你再摆一个三角形就可以救他们了。”

“这个……”

“想想刚才的几根棍子之间有什么联系？”

“2米、3米、4米，我想想。2加3大于4，3加4大于2，2加4大于3。哦，我知道了。两根木棍加起来比第三根长，就可以摆成三角形。”

“采娃万岁！你太聪明了。你都知道了三角形的两边之和大于第三边的道理了。”影子狗激动得热泪盈眶。

采娃立即用3米、4米和5米的木棍各一根，很快摆成了一个新的三角形。

“咔吧”一声巨响，紧接着一道闪电掠过古城。

奇了，三角城不见了，一个漂亮的城镇出现了，人们悠闲地过着生活。

这次采娃唱起了顺口溜：

“三角形呀本领强，

兄弟合作有规章，

其中两边加起来，

一定要比第三边长。”

鸭蛋司令

采娃的肚子咕咕地叫，他想起从昨晚到现在还没吃呢。采娃决定在城门口的一家早点店吃早饭，因为这家店的门口放着一个特大的鸭蛋。采娃特喜欢吃鸭蛋，尤其是咸鸭蛋。

采娃特地点了稀饭和鸭蛋。可是，他怎么也敲不开咸鸭蛋的壳。人们一脸惊诧地看着他，这孩子怎么连个蛋壳也弄不破呢？

采娃一脸尴(gān)尬(gà)，鸭蛋拿在手里不上不下，不知不觉地搓弄起来。

“呵呵，痒，痒死了，哈哈……”鸭蛋在采娃的手掌里忽大忽小，咯咯娇笑。

采娃愣住了：“你？你是谁？”

“我？哈哈，你连我都不认识？亏你还叫采娃。”鸭蛋滴溜溜一转，摆个造型，金鸡独立，哦，不，鸭蛋倒立。

“我……你……

咳！”采娃手足无措。

“来者都是客。算了，告诉你吧，我是鸭蛋司令。”

“我只听说过鸭司令，鸭蛋还有——司令？”

“没见过吧，今天让你开开眼界！”鸭蛋重重地咳嗽一声，“关于本司令的具体情况，你去问影子狗吧。”

采娃急忙寻找，哪里还有影子狗的影子。难怪啊，它本来就叫影子狗嘛。

“影子狗——影子狗——”采娃带着哭腔喊道。

晴空万里，哪里还有影子狗的影子。采娃哭了，眼泪悄悄地流到了嘴角边。

“别哭，还男子汉呢。我在呢。”一个微弱的声音在采娃耳边响起。

“你病了？”

“没有，我怕大太阳。这鸭蛋司令——它是最小的自然数，还是最小的偶数(也可以称双数)，它是由一个空心汤团组成的数字……”

“噢，你说的是零！只是零……”采娃激动得喊起来了。

“你瞧不起我是不是？你看看那些神气的十、百、千、万吧，它们的‘屁股’后面要是没有我——哼哼，它们可都要变成光杆司令‘1’了。”鸭蛋司令激动了，一下子跳到地上，一蹦几米高。

“‘1’也不错啊，它是最小的一位数。”采娃分辩道。

“是的，可是数字大哥‘9’常常瞧不起‘1’，说它太小。于是，我和小哥‘1’紧紧地站在一起，变成了最小的两位数‘10’，比最

大的一位数‘9’还大呢！”

“你真厉害！数字它们一定都愿意和你玩了。”采娃竖起了大拇指。

“也不完全对。”鸭蛋司令叹了口气，“捉迷藏的时候，它们都喜欢躲在我的身后，0+1=1，0+100=100，0+99=99，零加任何数还得任何数。它们也愿意让我躲在身后，1-0=1，99-0=99，任何数减我也还会是这个数。它们怕和我摔跤，就是和我相乘，99×0=0，100×0=0，无论多么大的数都变成我——零了。我除以任何不是自己的数，都等于我本身。”

“你不能做除数，零做除数无意义。对吗？”

“对极了！我还有很多本事，我不仅仅表示没有，还可以表示尺子上的起点、温度计中的分界点，零度可不是没有温度啊。呵呵，不说了，它们找我去玩了。不过，你考试的分数千万不能是我啊，哈哈……”话未说完，鸭蛋司令嗖的一声，钻进地里不见了。

咸鸭蛋跑了，采娃多少有些失望，闷着头喝稀饭。这时候从地下传来了鸭蛋司令的歌声：

“零说没有有时有，
加我减我如无我，
和我相乘变成我，
哈哈——等于零。
今生无缘做除数，
自然数中是老幺。”

地下三天两夜

你见过三条腿的青蛙吗？你见过跳舞的山芋吗？你见过玩卡片的老鼠吗？你见过满天飞的水果吗？你见过……呵呵，还是你自己去见见吧！

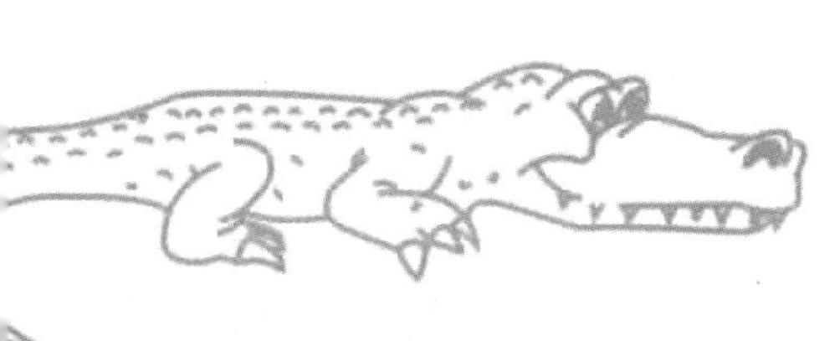

四个怪兽

山子住在槐树村，村头有棵老槐树，没人知道老槐树多少岁了。老槐树有个洞，山子和小伙伴们经常在那儿捉迷藏。可是，这次他们却莫名其妙地掉到了地底下，准确地说，是地底下的一个洞。于是，他们遭遇了……

山子他们在地洞里摸索着走了半天，终于见到远处的微弱亮光，看来离洞口不远了，他们信心倍增。大毛、二毛姐妹还高兴地哼起了歌：“滴滴答滴滴答，我要回家啦，嗨啰嗨……”

“站住！别高兴得太早了。能不能回家，得先问问我们。”一个黑乎乎的像个大肉球的家伙挡住了去路。眉毛眼睛分不清，

嘴巴长在哪里也看不见。

这到底是什么东西？山子在心里想着。

“不要费劲想了，你想也想不到。”怪物得意地说，“我们是从外星球来的。”

“不要跟他们啰唆，老大，告诉他们规矩。”一个尖细的声音幽幽地说。

“此路是我开，”一个公鸭嗓子声音响起。

“此树是……是我栽，没树也……也是我栽的。”一个家伙结结结巴巴地说。

“从我洞里过，”这家伙居然会临时改词。

“留下买路财！”最后这声音最为响亮。

“可是，你看我们……真没钱，您看……”大毛、二毛姐妹央求着。

“老大，我用透视眼看过了，他们真没钱。”那个尖细的声音再次响起。

“要……要不让他们猜老大的体重。”结巴说。

“对，让他们猜。我们4个一共35千克，每个人的体重都是整千克数，其中，有3个人的体重一样重，有1个人重一点。你们说，重一点的是多重？”

“天哪！死定了，这个怎么可能猜到啊。呜呜……”大毛、二毛伤心地哭了。

山子眼珠骨碌碌地转，他动开了脑筋：

这个这个……一共 4人，3人一样重，1人重一点，整千克。可

呵,有了。我何不来个平均分呢?

35÷4=8(千克)……3(千克)。如果每人体重8千克,就剩下3千克。这剩下的3千克,不能再分了,否则就不是其中一个人重一点了,这个3千克只能给一个人。因此,这个重一点的体重是11(8+3=11)千克。

想到这里,山子朗声说道:“重一点的体重是11千克!”

“咦?说的对不对?老大最重,真的是11千克?”他们不由分说把老大捆住就称,果然是11千克。

“神了!遇到神仙了。赶快放他们走吧!”老大发话了。

四个怪物突然消失,就像突然来时一样。

这时四个怪物突然唱起了歌:

“一堆东西平均分,
每人分到千克整,
其中一人重一点,
多的分给重的行。”

平均数:平均数是指在一组数据中所有数据之和除以数据的个数。平均数是表示一组数据集中趋势的量数,是反映数据集中趋势的一项指标。

三条腿的青蛙

怪物不见了，但洞口却是蛙鸣一片，声音大得吓人。到底有多大呢？这么说吧，山子他们说话时如果不贴着对方的耳朵讲，对方根本就不知道他们在说什么，只能看到嘴在动。

青蛙不仅不停地鼓噪，而且挡住了他们的去路。上下左右翻飞，扑通声连绵不断。摔倒了，爬起来再跳。再摔再跳，再跳再摔……

山子一直在观察，想找个空隙钻过去。他刚一起身，就被一个黏糊糊的东西砸在脸上，啪！山子被砸的眼冒金星，嗵的一声坐在地上。定睛一看，原来是一只特大的青蛙，就是它让山子吃了苦头。

此刻，它蹲在山子面前，瞪圆了双眼，肚子一起一伏，满身的怒气。

山子也一肚子的委屈，对着大青蛙嘟哝开了："我说这位老兄，你有什么问题说就是了，干吗发这么大的火？哦，对了，你不会说话。唉！"

"谁说我不会说话？我看你倒不会说话！"山子被突如其来的声音吓了一跳。

"谁在说话？"山子四处寻找。

"别找了，笨蛋！我在你面前。"大青蛙使劲用爪子拍了拍

地，以示自己的存在。

果然是大青蛙在说话，经历这么多，山子早已见怪不怪了。

“青蛙，啊，不，蛙兄，你说什么事？”山子毕恭毕敬地说。

大青蛙鼓鼓气、瞪瞪眼，轻蔑地看了山子他们一眼：“言归正传，我们解决一个问题。”

“什么问题？”

“嗯。是这样，我们这里的青蛙分两类：一类是三条腿的，一类是四条腿的。我们只知道一共有33只青蛙，100条腿，不知道三条腿的青蛙和四条腿的青蛙各有多少只。本来想让它们自己分开，可是，你也看到了，它们一蹦就乱了……”

“这个嘛，让我想想。”

山子有些犯难，因为他才四年级，这个问题属于“鸡兔同

笼”问题，要到高年级才能学到。

“谁说四年级不行？我来教你一招。”一个老爷爷的声音响起。

山子正想问是谁，却被捂住了嘴巴。

“别说话，我是老槐树爷爷，我来救你们的。”槐树爷爷贴着山子的耳朵说。

“是这样，你先在地上画33个圈，代表33只青蛙。然后，给每个圈画上3条线段，代表3条腿。”槐树爷爷轻声说道。

山子立刻照办，在地上画了起来。

33个圈，每个3条腿，(33×3=99)一共99条腿，还剩下一条腿，安给其中一个。这样4条腿的一只，3条腿的一共32只。

用画画的方法解决了“鸡兔同笼”的问题，这让山子很有成就感。

“蛙兄，你们3条腿的一共32只，4条腿的一共——1只，对不对？”山子慢悠悠说道。

“哈哈，对极了！只有我这个蛙王4条腿，那帮笨蛋小蛙数来数去都数不明白。好了，聪明人，再见！”

“说完，蛙王在原地来个倒立，滴溜溜打个转。青蛙们立即分立两旁，让出了道路。

“鸡兔同笼并不神，
涂涂画画就能行，
先画头来后画脚，
画完数数就知道。”

哈哈，蛙王也会唱数学歌了。

跳舞的山芋和马铃薯

洞里依然黑咕隆咚的，什么也看不见，那个微弱的亮光还在远处。

山子他们摸索着走过去，亮光处坐着一位披头散发的老人。在老人的面前有几个东西不停地跳着舞。准确地说，是几个山芋和马铃薯在跳舞。它们一边跳，一边吱吱咕咕絮絮叨叨喊着话：

“我们3个山芋，再加它们2个马铃薯，一共51千克。”

“同样的2个山芋和3个马铃薯，一共49千克。”

“我们每个山芋一样重。”

“我们马铃薯也一样，每个一样重。”

“我们每个有多重？有多重？”

山子不知如何是好。

那个老人也手足无措，不停地搓着手。

老人叹了一口气，幽幽地说道：“孩子们，我也是被困在这里的，只有准确地说出他们的体重，才能离开这里。”

山子不太相信，就这几个山芋、马铃薯也能挡住人的去路？

“老人家，你不会不让我们走吧？”山子不放心这个老人。

“怎么会呢？孩子，你们只管走好了。”老人哈哈大笑地说。

山子他们拔腿就跑，你猜怎么着？他刚一抬腿，咕咚几声，腿被山芋、马铃薯夹得紧紧的，动弹不得。

这一下老人笑得前仰后合，笑得咳嗽连连：“怎么样？知道厉害了吧？”

“你们人类也太小气了吧，这一点小忙都不肯帮。”山芋、马铃薯伤心地哭了。

山子他们没办法，只好留下来，硬着头皮来解决这个问题。

“一会儿2个，一会儿3个，一会儿51千克，一会儿49千克，你，这个……让我怎么办呢？”山子犯难了。

“3个2个、2个3个……呵呵，就从它们身上想办法。”山子喜上眉梢。

“总数(3+2=)5个，始终没变，只不过把开始的3个山芋换成了2个，把2个马铃薯换成了3个。把一个山芋换成一个马铃薯，一增一减，总重减少(51−49=)2千克。也就是说，一个山芋比一

个马铃薯重2千克。”

“噢,我明白了,小伙子。如果把3个山芋也看成马铃薯,一共多算了6千克。这样5个马铃薯(51–6=)45千克,一个马铃薯不就是9千克吗?”老人兴奋地说。

“9+2=11,一个山芋11千克。啊哈哈,我们也会算了。只是这样的山芋、马铃薯也重了点吧?”大毛、二毛高兴得直拍巴掌。

“这个你们就不知道了,我们不是普通的山芋、马铃薯,我们是……呵呵,不说了,再见,谢谢你们帮忙。”山芋、马铃薯钻进了土里,不见了。

这时从土里传来歌声:

“一加一减作用大,
立即找到两者差,
大家看做都一样,
体重自然找到它。”

加法:加法是基本的四则运算之一,它是指将两个或两个以上的数、量合起来,变成一个数、量的计算。

减法:减法也是基本的四则运算之一,从一个数、量中减去另一个数、量的运算叫做减法。

太阳出来吗?

山子掉下去的时候正好是中午12点，从阳光灿烂的地上，瞬间跌入黑漆漆的地下，心里挺不是滋味的。虽然说解决了山芋它们的问题，获得了自由，但黑咕隆咚的，该往哪里去呢?

山子没了主意，半天低头不语。

“哦，对不起，我忘了告诉你们，你们顺着我们的根须，慢慢走，经过60个小时，如果见着太阳，你们就可以腾云驾雾了。如果见不着太阳，结果就难料了。”山芋、马铃薯在土里瓮声瓮气

地提醒。

“我的妈呀，要60个小时，好几天呢，呜呜……”大毛、二毛哭了。

“我们慢慢走，不就60个小时吗？”山子安慰她俩。

其实他自己心里也没有底：这几天，在土里慢慢刨？就靠那个什么山芋藤引路？我们又不是土行孙，会遁(dùn)地之术，在土里说走就走。可是，又有什么办法呢？

槐树爷爷不知道跑哪里去了，这里只有山子是个小男子汉，他应该坚强。想到这，他对大毛、二毛说，你们跟着我走试试，总比在这里干等着好，说不定可以走出去，前面不是都过来了吗？

山芋的根须和马铃薯的根须交织在一起，交替出现。一会是山芋的根须，一会是马铃薯的根须，接连不断。他们要做的，就是顺着这些根须走下去，走下去……

地下闷热、潮湿，氧气不足，他们呼吸困难，头痛得好像要爆炸。

大毛、二毛忍不住放声大哭：“山子哥，我们这次死定了。这可怎么办呀？妈呀……”

“坚持一下，不就60个小……小时嘛。”山子有气无力地说，“说不定60小时后能见着太阳呢！那时候就可以腾云驾雾了，哈哈，哈哈！”

“60小时，60小时，姐姐，我们要有个手表就好了？”二毛妹妹嚷嚷着。

你说也怪，啪嗒一下，地上就有了一块手表。

山子闻到一股槐花的香味，知道又是槐树爷爷帮的忙。

“嗯，刚才只顾哭，把手表的事忘了。妹妹，你说现在怎么办？”

“我们不能这样黑灯瞎火地乱跑，咱们应该好好想，60个小时之后，到底有太阳，还是没太阳。”二毛妹妹这会儿稳住了情绪，慢条斯理地说。

“这个我们怎么会知道？不等到60个小时……”山子不知所措。

“姐姐，咱们露一手给他看看。”

妹妹说完，便拨着手表转了起来。

一边转一边喊“一天过去了，24小时。两天了，48小时……”

随着手表的转动，洞里一会儿黑，一会儿亮。

“停！”山子打断了姐妹的演示，“让我想想，你们从中午12点开始的，经过48小时，也就说，现在是两天后的中午，再过12个小时就是60小时，而这时候是夜里12点……”

“夜里怎么会有太阳？”姐妹同声惊呼，一脸失望。

“哈哈，呵呵，真聪明！”槐树爷爷高声地喝彩。

山芋、马铃薯也抖动着根须，咯咯吱吱笑个不停：

“奇奇怪怪想，

半夜出太阳，

要是不会算，

60小时全忙乱。”

玩卡片的老鼠

山芋、马铃薯的嬉笑，让山子哭笑不得，困在这地底下，何时是个头？山子长长叹了口气。

“唉！咱们还得往前走啊，不能坐在这里等死。”山子强打精神继续赶路。

大毛、二毛流着眼泪，吸溜着鼻涕，极不情愿地挪动双脚，一步三哼，磨磨叽叽往前挪。

“走啊走，乐啊乐……哪里不平哪里有我……”从地洞的深处传来了电视剧中的人物济公的歌声。

“哎，你们听，济公，是济公！济公来救我们了……”大毛、二毛一溜烟儿冲向黑黑的地洞深处。

看着这一对活宝姐妹，山子无奈地摇了头。

“啊，救命哪！啊，救命哪！”大毛、二毛又疯跑着回来了，而且比去时更快。

这姐妹俩跑得上气不接下气，气喘如牛。

“你们——济公呢？”山子看着脸色发白的姐妹俩，没好气地问。

“老……老鼠！纸牌。我们……我们。”姐妹俩好不容易才说出了话。

山子越听越糊涂。

“前面有老鼠，是会打纸牌的老鼠！”

山子将信将疑，跟着姐妹俩，循着歌声往前走。

果然，前面有一群老鼠，全是白老鼠，它们围在一起打纸牌，吵得不可开交。山子想数清楚到底有多少只老鼠，看能不能把他们拉开。可是不行啊，老鼠们窜来跳去，很难数清。

“不过可以肯定的是……”槐树爷爷突然幽幽地说。

“槐树爷爷！你快救救我们。”山子着急地喊着，回答他的只有他自己的回声。

“槐树爷爷，槐树爷爷！”山子急得大叫。

刷地一下，洞里突然安静了下来，山子连自己的喘气声都听得清清楚楚。

打纸牌的老鼠听见“槐树爷爷”，哗地一下，四散奔逃，只剩一只大老鼠举手向空中敬礼：“报告司令爷爷，我们正在操练打纸牌，请指示！”

“……”

“是！”

大老鼠说完向山子跑过来，立定，敬礼。

“报告山子先生，欢迎你们的光临，现在你们可以通过了。

不过，想请你帮个忙。刚才小兄弟们把纸牌丢了一地，如果把所有的纸牌收回来，应该有多少张？”

“呵呵，谢谢你的信任。你能告诉我，你们刚才有多少只老鼠吗？”山子试探着问。

“这个……司令爷爷不让说。这样吧，我们一共有纸牌在60到70张之间，我们每人分到的牌数，和我们的只数相同。我只能告诉你这么多了。”

“哦，我知道了！每人分到的牌数与老鼠的只数相同，就是说，有几只老鼠，每人手里就有几张牌，比如，有3只老鼠，每只老鼠手里就有3张纸牌。对吗？”山子笑着问大老鼠。

“吱吱！是的，就是这个意思！”大老鼠高兴得直摇尾巴。

“60到70之间，只有八八六十四符合要求，也就是说，你们有8只老鼠，每人手里有8张牌。8×8=64，一共有64张纸牌，是不是啊？”

“小的们，数数看是不是64张。”大老鼠对着土里喊。

“报告头儿，完全正确！”土里很快传来回话。

“吱吱，真是神了！山子先生，你们请！”说完做出一个请的姿势。

“模模糊糊几十多，
牌数人数一样多，
相同数来自乘自，
乘法口诀求总数。”

噢，又是槐树爷爷在唱歌。

最后的苹果

虽然得到了大老鼠的赞扬，但山子一点儿也高兴不起来，他的肚子在咕噜噜地提抗议了。

山子又饿又渴。吃的找不到，想弄点水填填肚子吧，连水珠子都难以看见，哪里有水啊。

“活该！谁让自己贪玩的呢？”山子后悔莫及，“要是有什么东西又管饿又管渴就好了。”

“苹果！”槐树爷爷嘿嘿笑地说。

“你说胡话，哪里有苹果？就是有个山芋吃都不错了。”山子喃喃地说。

“噢，有了！”山子叫了起来，他想起了山芋的根须，那也能对付对付。虽说不好吃，总比没得吃好啊。

还好，离山子不远处，就有一个山芋的须根。山子一把抓住山芋根，准备往嘴里送。

“哼，你弄疼我了……”山芋根哇哇哭了起来。

山子一时不知道怎么办才好：“这个，你……唉！”山子垂头丧气地放下了山芋根。

“哎，这才是我的好山子哥。”山芋根破涕(tì)为笑。

“这样吧，为报答你的不吃之恩，我送样东西给你们。”山芋根叽里哇啦说了一通，“出来吧！”

哇！神了。山子的面前冒出了一篮子苹果，苹果的清香在洞中弥漫。

“哈！有吃的了。”大毛、二毛扑向苹果。

“慢！”山子把苹果藏到身后，“我们不知道什么时候可以走出去，这点苹果是救命的东西，我们要省着吃。这样吧，我先把篮子里的一半苹果拿下来，你们两个平均分剩下来的一半。”

大毛、二毛每人分到了4个苹果，如获至宝，狼吞虎咽，三下五除二就吃了个精光。吃完伸手还想要，发现山子正在捡她们啃下来的苹果皮吃。她们不好意思了，把伸出来的手又悄悄地缩了回去。

“苹果你没吃？这么多苹果不吃留着干什么？”二毛妹妹不解地问。

“这么多？到底有多少个苹果？”大毛姐姐不紧不慢地说，既像问自己又像问别人。

“这个——你们自己去算去。”山子有点不高兴了，恨她们贪嘴。

“这个——好，我们自己算！”大毛、二毛下决心要当一回

英雄。

“我们俩每人分到4个苹果，4×2=8，这8个苹果是一篮子苹果的一半，8×2=16，一共有16个苹果。对吗？山子哥。”

山子扑哧一声乐了：“这次你们真动脑子了，16个苹果一点儿也不错。实际上，你们每人分到的4个苹果，是这篮子苹果一半的一半。先算出这篮子苹果的一半是多少，4×2=8(个)，再求出这篮苹果8×2=16(个)。呵呵，聪明！”

“哈哈，聪明！”三人同时哈哈大笑起来。

不，是四个人哈哈大笑起来。槐树爷爷的笑声在空气中哧溜哧溜地响，当然，这只有山子才能听得到。

“一半一半分两次，
平均分配不留私，
手中苹果连乘2，
就是整个苹果数。”

这次是大毛、二毛唱的歌。

乘法：乘法是基本的四则运算之一，是将相同的数用加法加起来的快捷运算方式，其运算结果称为积。两数相乘，同号得正，异号得负，并把绝对值相乘。任何数乘以0均等于0，任何数乘以1均等于其本身。

水果满天飞

大毛、二毛没吃饱，还想着山子留下来的苹果。山子不同意，一定要留到最危险的时候，也就是留到最关键的时刻才吃。

“洞里越来越热，真的有点奇怪，难道谁在地下生火烧炉子？”姐妹俩咕噜个不停。

山子浑身冒汗，喉咙发干，吸进去的气就好似一团火，眼冒金星。“不好，再这样下去我们都得死在这里。看来得吃苹果了。”

山子喊来大毛、二毛，把剩下的苹果分着吃了。

这点苹果没有支撑多久，山子他们又不行了，就像一辆没有油的汽车，要被撂在荒野了。

山子又累又渴，恍恍惚惚中似乎闻到了水果的清香。

山子的目光四处搜索，不禁嘿嘿笑了。

“啊，好了好了，山子哥笑了耶！”大毛、二毛激动得哭了。

“山子哥，你笑什么？”

“你们看！”

大毛、二毛顺着山子手指的方向望去，吃惊地张大了嘴巴：“哇！哇！我们有救了！”

原来,她俩看到了漫天飞舞的水果。这么多的水果只能在果园里见到,但它们也不会漫天飞舞啊。

他们伸手去抓,每次都落空了,水果机灵得很,眼看就要抓到,又被它轻轻地躲过。

看来这里面有名堂。

果然,大毛、二毛大叫了:"山子哥快看,这些水果都是两个捆在一起,上面还有字呢。"

山子凑近一看,只见水果上面写着:

"知道多重,水果白送。

一个桃和一个梨连在一起,110克;

一个梨和一个苹果连在一起,130克;

一个苹果和一个桃连在一起,120克。

桃、苹果、梨,每个重多少克?"

山子立刻蹲在地上自言自语,边说边画:

一个桃+一个梨=110克;

一个梨+一个苹果=130克;

一个苹果+一个桃=120克。

"啊哈,有了!你们看。加号左边三个水果合起来是什么?"山子看着大毛、二毛,兴奋地问。

"加号左边?哦,一个桃、一个梨、一个苹果呀。"

"那么,紧挨着加号的右边呢?"

"一个梨、一个苹果、一个桃。噢,它们是一样的,只是顺序不同。"

"等号左边全部合起来是——"山子想考考她们。

“当然是两个桃、两个梨、两个苹果了。”

“如果分组的话——”

“110+130+120=360，360克。哈哈，我们知道了，就是说两组水果的重量是360克，一组水果的重量就是180克了，对吗？山子哥——”

“真聪明，一点儿也不错，一个桃、一个梨、一个苹果合起来重180克。”

“哎呀，我知道了，一个桃+一个梨=110克，一个桃+一个梨+一个苹果=180克，180−110=70克，这70克就是一个苹果的重量。”二毛得意地说。

“我也知道了，同样方法，我们可以知道一个桃的重量是50克，一个梨的重量是60克。”大毛抢着说。

啪！啪！啪！三声脆响，他们三人的嘴里各飞进一个又脆又甜的大酥梨。漫天飞的水果也悄无声息地落到了地上。

“啊，真过瘾，知识就是力量！”大毛、二毛咂着嘴说。

快板声突然响起：

“左边加来右边加，

左边六个右边仨。

左分两组右分半，

一组对半真好算。

哈哈，真好算！”

“呵呵，又是槐树爷爷，还打着快板。”山子无可奈何地摇着脑袋。

两鸡争蛋

山子他们终于走出了洞口，心情万分激动，槐树爷爷建议喝两杯庆祝庆祝。

于是山子就去买酒了。

到了酒作坊后，山子看见一位白眉毛白胡子的老爷爷，立刻掏钱准备买酒，突然被两个毛茸茸的东西打到了地上。

山子吓了一跳。

老爷爷却哈哈大笑起来："你看，我的两只看家鸡不同意要你的钱，它们肯定找你有事。"

"咯——咯——爷爷说对了，真的有事，跟我来。"一公一母两只鸡拍着翅膀说。

拐了几个弯，来到一片小树林。树林里有一大一小两个小土窝，两个窝里都有一些鸡蛋。

"我们两个一共有鸡蛋36个，前几天不小心混到了一起。"公鸡先说了。

"如果公鸡给我4个鸡蛋，咱俩就一样多了。"母鸡补充道。

"我们不知道原来各自有几个鸡蛋，不知道谁找到的鸡蛋多。我们谁也不服谁。"两只鸡异口同声地说。

"哦，是这么回事，那就请山子先生帮帮忙吧，如何？"白胡子爷爷看着山子呵呵地笑。

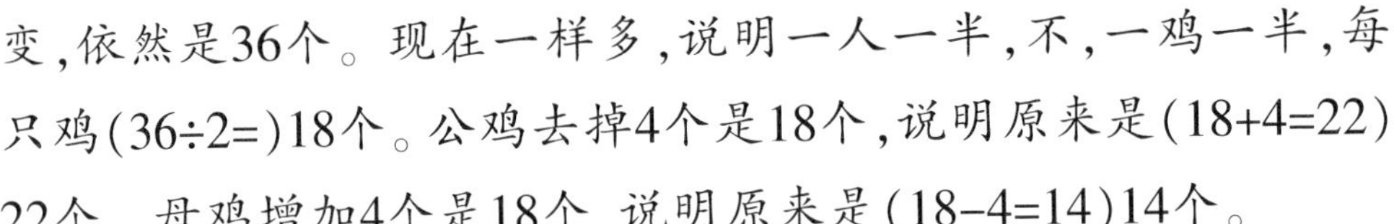

“这个——让我想想。”山子挠挠后脑勺不好意思地笑了。

山子在心里算开了：

不管怎么给，公鸡给母鸡，或者是母鸡给公鸡，总数没有变，依然是36个。现在一样多，说明一人一半，不，一鸡一半，每只鸡(36÷2=)18个。公鸡去掉4个是18个，说明原来是(18+4=22)22个。母鸡增加4个是18个，说明原来是(18−4=14)14个。

想到这，山子大声地说：“公鸡原来是22个，母鸡原来是14个。”

公鸡看着母鸡，母鸡望着公鸡，各自歪着头想了一会，突然大声地说：“我们想起来了，原来就是这么多。谢谢山子小先生！”

“山子算得真准，不过还可以这样算。”白胡子爷爷捻着胡须说。“公鸡给母鸡4个它俩就一样多，说明公鸡原来比母鸡多(4×2=8)8个。去掉多的部分，36−8=28，剩下的两只鸡平分，28÷2=14，母鸡原来有14个，公鸡原来有(14+8=)22个。”

“对，对！这两种方法都不错。”槐树爷爷在一旁鼓掌喝彩。

“给来给去没出圈，
总数还是没有变，
给的二倍是两数差，
总数减差除以2，
就是较小的那个数啦。”

这是白胡子爷爷唱的歌。

剪不断的绳子

酒喝完了,饭也吃饱了。正要上路,老板娘却笑呵呵地出了一个问题。

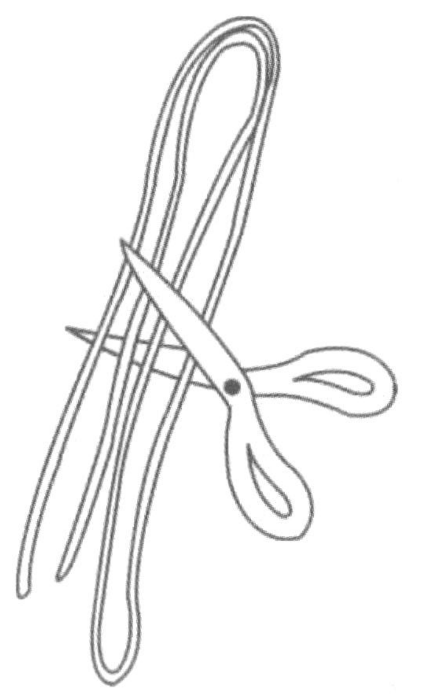

她说:“一个孩子放暑假经常不在家,你说我该怎么办?”

有的说打屁股,有的说不给饭吃,还有的说把小孩关到黑屋子里,等等。可是,老板娘都不满意,一个劲地摇着头。

最后山子说用绳子捆起来。他的妈妈就是这样对他的,不过每次都不是真的。山子认为这样很好,不痛不痒。

老板娘哈哈大笑,说山子的想法正合她的意。于是,当场决定,把山子他们捆起来。

“怎么样?小山子,想不想知道我到底是谁啊?”老板娘拖长声音说。

“这个……我想。”山子想妈妈了,不由自主地说出了心里话。

“那好,你得帮我一个忙。干好了,放了你;干不好嘛,就把你们扔到后面的黑水河里去喂王八。”老板娘阴阳怪气地说。

大家七嘴八舌地劝山子，让山子答应老板娘的要求。

“那好吧，我试试吧。”山子心中无底，话也说得有气无力的。

“我的问题是，一根绳子，先对折，然后再对折，最后从正中间剪断。现在一共有几根绳子？”老板娘不紧不慢地说。

“8根。这个我们知道，第一次对折，绳子变成双的了，第二次对折绳子变成4根了，再从中间剪断，不就是8根了吗？”毛毛姐妹抢着说。

“这个这个……让我想想。”山子有点疑惑。

山子在心里盘算开了：

本来应该是8根。可是，剪子是从正中间剪断的，两头没有受到影响。也就是说，如果原来两头是什么样子，现在还是什么样子。第一次对折，弯折的地方是连着的，而且是一根。第二次对折，弯折的地方有两根绳子连着的。一共有3根绳子始终是连着的。8−3=5，现在应该一共有5根绳子。

“哈哈，我知道了，现在一共有5根绳子。”山子得意洋洋地说。

“山子，我不是你妈。呵呵，你们自由了。”老板娘话未说完，人已经飘出了门外。

山子他们的身上的绳子也消失得无影无踪。

从远处飘来了歌声，呵呵，老板娘在唱歌。

“别看折剪小事情，

折折剪剪有学问，

咔嚓中间剪一下，

还有绳子没断清。”

访问猴国

如果姓侯、属猴的人去猴国访问，会怎样呢？会不会受欢迎？会不会也“猴”起来？想知道吧，这不？侯三正要访问猴国呢，你也想去吗？

牛王的请求

侯三，姓侯属猴，在家排行老三，所以他老爸唤他侯三。

你还别说，侯三还真的跟猴有缘，天生喜欢猴子，就连衣食住行都模仿猴子的样子。猴国的国王听到这件事，就决定邀请侯三到猴国访问。

侯三只带了两个好朋友——傻姑和一只疯猫，就悄悄地跟着猴国派来的大臣——一只大青猴，坐上了开往猴国的火车。侯三心里美啊，这是他第一次坐火车。他在心里还在纳闷，这么大个的铁疙瘩，咋就能跑起来，而且还呼呼地叫呢？

侯三正美着，突然，吱——哐当，火车紧急刹车。

一群水牛挡住了道路。

为首的是一条大牯牛，浑身上下长满黑油油的毛发，在阳光下闪着亮光，好像披了一身黑缎子。硕大的牛头，托举着一副

小括号样的大牛角，昂首站在铁轨中间，一动不动，好像一尊雕塑。在它的周围，站满了大大小小的牛，姿态同大牯牛一模一样，摆好了迎战的姿势。

“天哪，谁惹了这群犟牛？牛脾气发起来可不得了，火车也能顶得翻。”傻姑絮絮叨叨，声音都吓得变了调。

“哞哞——”首领一声大叫，其他牛也跟着叫，声震四野，摄人心魄。

“这群牛一定是受到了前所未有的刺激，一定有天大的难事需要人们帮助……”侯三喃喃低语着，

“哈，有道理。我去了解一下。”

侯三抬头一看，呵呵，是疯猫。不过，他知道这只疯猫的厉害，来去如风，村里所有猫狗都听它的指挥。不过今天听疯猫说话，还是吃了一惊。

疯猫可不管这些，一阵风似的刮到牛王的跟前。

事情原来是这样的：

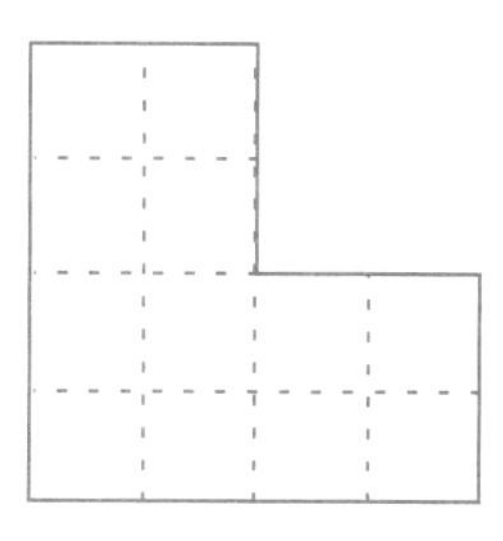

离这里不远的地方有一片草场，草场的形状好似一把盒子枪(如图)。现在有4群牛，要把这片草场分成4块一模一样的草场。牛王做不到，它没办法分。拦住火车，就是要让人来解决问题的。

听疯猫这么一说，侯三放心了。傻姑在一旁傻乎乎地画着图，希望能分成，画了半天，一声长叹，哭了……

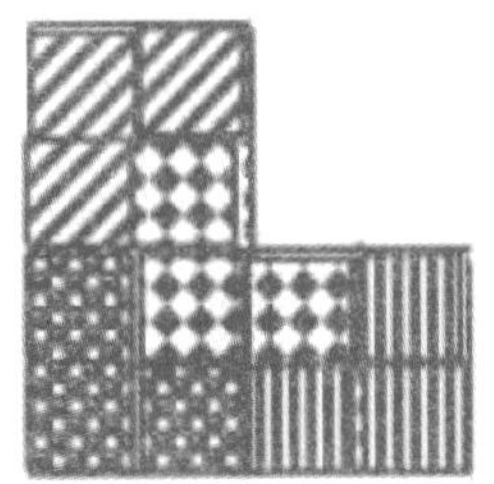

侯三想起了老师讲过的关于正方形的问题，再加上疯猫在一旁不停地提示，他终于想明白了。

一共12块小正方形，平均每群牛可以分到3块小正方形。把3块相连的小正方形以手枪形式连起来，恰好能分成4个一模一样的草场(如图)。想到这里，侯三拉上疯猫向牛群走去。

牛王听完疯猫的翻译后，不住地点头，欢喜得不停地摇头摆尾。后来它把头低下来，让侯三站到牛角上，再把头一抬，哧溜一下把侯三送到了背上，让侯三骑在自己的背上，一路小跑，把侯三送回了火车。

牛王对着牛群一摆头，哞的一声叫，牛群呼啦一下都让开了道。

火车喘着粗气，缓缓启动。牛群依依不舍，紧跟相送。火车越来越快，牛群退到了后面。

突然，“哞——”

一声牛吼从山谷传出，动人心魄。

这是牛群在为侯三他们送行。

人牛奇缘，成就了一段佳话。

“图形分割难不难？

你说它难它就难。

抓住关键难变易，

巧分图形记心间。”疯猫高兴地唱着。

猴王的烦恼

侯三的到来,受到了猴国上下的热烈欢迎。猴王壮壮亲自到火车站迎接,还陪同侯三检阅了猴国三军仪仗队。走在红地毯上,侯三浑身轻飘飘的。

猴王壮壮热情接待侯三是有原因的。三杯酒之后,猴王壮壮终于说出了自己的心事。

猴王壮壮是经过一番拼杀刚刚当上猴王的。现在最让壮壮烦心的,不是打斗留下的伤痛,而是一个问题,一个急需解决的问题。

在他的猴群里有两帮猴子,一帮猴子特喜欢吃香蕉,壮壮称为香蕉帮,另一帮特喜欢吃苹果,自然就叫苹果帮了。这一帮的猴子不愿意和另一帮的猴子玩,见面就打。

打的结果,总是苹果帮吃亏,因为苹果帮人数少,准确地说是猴数少。香蕉帮有39只猴子,苹果帮只有35只猴子,明天还要来6只新猴子。壮壮在心里盘算,趁这次机会,把两帮猴子的猴数搞成一样多,这样他们以后可能打架会少一些,因为真要打起来,对谁都没好处。

可是,壮壮没有念过书,他也不识字,不知道如何分才能使两帮的猴子一样多。为这事,他愁得一夜都没合眼。

正在这时,有猴子报告了侯三的事情,壮壮一想,都说人最

聪明,不如让侯三这个人来解决这个问题了。

壮壮看侯三像个有学问的人,对侯三他们很客气,吃水果管饱管够,希望能得到侯三的帮助。

你们看这样行不行?两帮的猴子和新来的6只猴子,合到一起35+39+6=80(只),80只一分为二,分成相等的两帮,当然,两帮的猴子不需要打乱,还是原来的帮。香蕉帮原来39只,应该分到:40−39=1(只);苹果帮应该分到:40−35=5(只)。如何?"

"啪啪……"猴王高兴得翻了个跟头,鼓起了掌,啊,不,是拍起了猴屁股,屁股都拍红了。

猴王唱起了歌:

"先算总数多少个,

两队分成一样多。

再看各自少几个,

少几补几准没错。"

公鸡中的战斗鸡

转过一个山嘴，来到一片竹林，侯三听到了奇怪的鸡叫声。公鸡不是喔喔地啼鸣，而是“喔喔——咯嗒——，喔喔——咯嗒——”地叫。

顺着竹林的缝隙，侯三发现了一只大公鸡，声音就是它发出的。此刻，它伸长脖子，喔喔两下，再把头一低，又咯嗒一声，煞是有趣。

公鸡为什么要学母鸡叫呢？侯三实在想不明白。

于是带着精通兽语禽鸣的疯猫来到了大公鸡的面前。

经过疯猫的引荐，大公鸡知道了侯三的来意。

“有什么事？快说。我忙得很，我正在下蛋。”公鸡急急忙忙地说。

公鸡为什么要下蛋？”傻姑忍不住了，抢着说道。

“噢，你说这个啊。我在喊它们快出壳啊，我一

喊小鸡就破壳了，不需要慢慢孵化。”大公鸡把嘴在翅膀上擦了擦，骄傲地说。

“可是，我老是不离开窝也不是办法啊。”大公鸡叹口气说，“我有四位正在下蛋的妻子，它们每人一天下一个蛋，就是一天一共下4个蛋。可是，现在每天有5个儿女出世，就是有5只小鸡出壳。我每天原来有20个蛋，要多少天，我的窝里才不会有蛋？”

“四五二十，每天破壳5个蛋，4天就行了。”傻姑脱口而出。

“可是，你看我都在窝里连着喊了10天，还没……”公鸡翅膀一摊，无奈地说。

疯猫在一旁捂着嘴直乐：“每天下的蛋，和破壳减少的蛋分开算……”

“啊，我知道了。我们可以这样想。母鸡一天下4个蛋，小鸡一天要破壳破掉5个蛋。每天除了破壳新生的4个蛋外，再从原来的蛋里破壳1个。这样一来，原来的20个蛋，一天破壳1个，20天以后就没有蛋了。”侯三分析道。

“换句话说，大公鸡一直要连续喊20天，窝里就没有蛋了。”傻姑接着说。

“喔喔，谢谢！我还有10天就可以下炕，不，下窝自由活动了。”大公鸡拍拍翅膀，嘹亮地唱起了歌。

“新蛋陈蛋分开算，
知道相差功一半，
差的专门管陈蛋，
陈蛋破完窝无蛋。”

天上"下"苹果

在大公鸡嘹亮的歌声中，侯三他们又上路了。

砰砰几声闷响，傻姑哇哇直叫："哎呀，疼死我了，我的头啊！"

侯三的身上也被砸了几下，挺痛的。

"谁？谁扔石头？"侯三大声喝问。

"嘻嘻哈哈……"树梢一阵晃动，一群猴子来到了侯三他们的面前。

侯三一看认识，是猴群苹果帮的。

"你们这是——"侯三不解地问。

“嘻嘻，我们赶来为你们送行啊，感谢你们解决了我们猴群之间的争斗。”苹果帮的头目说。

“还送行呢，差点砸死我们。”傻姑撅着嘴说。

“呵呵，是手下的准头差了一些，想扔苹果给你们，结果……实在不好意思。”猴子的头目抱拳团团作揖，“我给各位赔不是了。”

侯三反而不好意思，连说：“呵呵，没关系。”

傻姑揉揉头，也破涕为笑。

“猴头，我来问你，你说来给我们送行，还扔了一些苹果，那好，我来问你，你们至少一共扔了多少个苹果？”一个声音从竹林中传出。

猴子们都愣住了，不知道谁在说话，只有侯三知道是疯猫在说话。

“是呀是呀，你们一共扔了多少个苹果？”傻姑紧跟着问。

侯三也想知道答案，笑吟吟地看着猴子的头目，不说话。

“嘻嘻，这个，这个……拿的时候没注意，我只知道，这些苹果平均分给2个人，能正好分完。平均分给3个人，正好分完。平均分给4个人，也正好分完。”

“翻跟头，翻跟头……”疯猫在一旁不停地叨咕。

“啊，对了！跟翻跟头一个道理，翻倍。”侯三高兴得一拍大腿，跳了起来。

“翻倍？”众人看着侯三齐声问道。

“是的，翻倍。2的两倍是4，三倍是6，依次是8、10、12、14、

16……”

既然这些苹果都能被2、3、4平均分，就说明这些苹果一定是2、3、4翻倍翻出的数，而且是共同的数。”

“共同的数多了，12，24、48等，都是的啊，到底是哪一个呢？”傻姑着急地问。

“这个……”侯三一时不知说什么好。

“我问的是至少——”疯猫拖长声音问。

“哦，我们知道了，12是最少的。一共有12个苹果。”猴子们齐声欢呼。

“哈哈，答对了。”疯猫哈哈大笑，边笑边唱：

“苹果均分问‘至少’，

二三四个翻倍闹，

找到大家共同数，

抓住最小不放跑。”

倍数：①一个整数能被另一个整数整除，这个整数就是另一个整数的倍数；②一个数除以另一个数所得的商；③一个数的倍数有无数个，也就是说一个数的倍数的集合为无限集。

香蕉站队

告别苹果帮，侯三他们继续赶路。

经过一篇松树林时，侯三脚下一滑，摔了一个仰八叉。侯三爬起来一看，原来是一个香蕉皮让他屁股跌痛了。

侯三一脚把香蕉皮踢出老远："这是哪个淘气鬼……"

"呵呵，别，别骂，是我们……"话未说完，蹭蹭，从树上溜下来一群猴子，每个猴子都叼着一根香蕉。

"你们是香蕉帮的？"侯三试探地问。

"嘻嘻，真神了，你怎么知道的？"为首的猴头不解地问。

侯三淡淡一笑："谢谢你的香蕉皮，请问有何贵干？"

猴头听出了侯三的不快,连忙道歉:“是我们的不对,让你摔跤了,为了表示歉意,我们用我们最好的东西来向你赔罪。来啊,抬上来。”

嘻嘻,几只猴子抬出了一串串香蕉。

只是这些香蕉的造型有些特别,全部是数字:0、1、2、3、4、5、7。

侯三真的纳闷了,这是要干什么呢?

“你们这是要干什么?不是要考试吧?”傻姑实在忍不住了。

“不是不是,怎敢考各位呢?不过,是香蕉要问的,所以……”

“所以你就来问我们?”疯猫从旁边突然插一句。

“是的。今天早晨我们摘香蕉,香蕉怎么也不肯下来,说下来要有个条件。”一个小猴子小声地说。

“条件?什么条件?”侯三好奇地问。

“它们香蕉要摆个造型排个队。喏,就是这个队形。”猴头亮出了一张草图。

□+□=□　　□×□=□□

“哦,对了,香蕉还有个要求,就是把0、1、2、3、4、5、7这七个造型摆出的数字,分别填在‘□’里,使这个等式成立,但是,每个数字只能用一次。”猴头补充道。

侯三低头不语,突然一拍大腿:“呵呵,我知道了!你们来看。”

侯三把香蕉造型拿过来,一边说一边摆。

“你们看，在这几个数字中，最为突出的是0。在□+□=□算式中，0不可以作为其中任何一个数，否则就会出现重复的数字，比如，2+0还是2；在□×□=□□算式中，0不可以作为乘数，否则积就为0，0就会重复出现。算式中积的十位上不可能是0，0只能在个位上。这里有两种情况，4×5=20和2×5=10……”

“别说了，这个我们会了。4×5=20，剩下的数字是1、3、7，啊？不能组成加法等式了。”小猴们一脸失望地说。

“2×5=10，3+4=7，我成功了。”猴头高兴得手舞足蹈。

猴头刚说完，香蕉自动站好了队，和猴头说的一模一样。

香蕉们高兴了，在地上打着滚，唱着歌：

“这里的零不简单，
等式成否是关键。
先把零儿找到座，
其他试试就圆满。”

0的数学性质有如下几个方面：①0是偶数；②0的相反数和绝对值是其本身；③0乘以任何实数都等于0，任何实数加上0都等于其本身；④0既不是正数，也不是负数，它是正负数的界限。

未赛知输赢

解决了猴头的问题，侯三急着要赶路，却又被猴头拦住了。

事情是这样的：

今天来到这里有两个任务，一来用香蕉送行，二来比赛，验证一个结果，看看到底谁能获胜。

这里有棵12米高的大树，长尾猴要和短尾猴进行一次比赛。

上次长尾猴用了14分钟爬到了树顶，而短尾猴爬4米要用3分钟，然后还要休息2分钟，才能继续往上爬。

上次短尾猴刚爬了一半不到，天突然下了大雨，雷电交加，短尾猴只好放弃比赛。

多数猴子说，这不需要再比了，短尾猴已经输了，理由很简单："短尾猴爬4米要用3分钟，还要休息2分钟，也就是说，短尾猴爬4米要用5分钟。12米里面有3个4米，一个4米要5分钟，5×3=15，爬到树顶一共要15分钟。"

"尊敬的聪明的人，在没比赛之前，您能不能用人类的智慧，告诉我比赛的结果？"猴的头目真诚地哀求。

侯三静下心，在地上画着草图，细细研究。

树高12米，爬第一个4米一共用了5分钟，爬第二个4米也一共用了5分钟，爬第三个4米3分钟到树顶了，不需要再休息2分

钟了，所以，5+5+3=13，一共用时间13分钟。

想到这，侯三笑了，大声说："输赢还不一定呢，还是让他们比比吧。"

猴头眨巴眼睛，望着侯三："您知道了结果，你们人类常常先知先觉啊，您能把结果提前告诉我吗？让我也分享一下人类的智慧。"

侯三贴着猴子头目的耳边，悄悄嘀咕了一阵，猴头高兴得叽哇乱叫。连声高呼："高，实在高！下面我宣布，比赛现在开始！"

当然,这次比赛只有短尾猴一个参加了。猴子们屏住呼吸,紧盯着短尾猴的一举一动,既希望它爬快一点,战胜长尾猴,因为长尾猴现在太骄傲了;又希望它爬慢一点,输给长尾猴,因为这是大伙儿都知道的事实,难道这些猴都会说错?

短尾猴终于爬完12米到达树顶,恰好13分钟。

猴头佩服得五体投地, 对着侯三又是打拱又是作揖:“神了,真是神了! 能掐会算,未卜先知。”

侯三呵呵一乐:“好好学数学吧,学会数学就能掐会算了。”

猴头带头高呼:“数学万岁!”

于是,“数学万岁”响彻整个山谷,回声不断。

猴头儿自言自语:

“数学真奇妙,
结果先知道,
数形相结合,
算算就明了。”

数形结合:数与形是数学中的两个最古老,也是最基本的研究对象,它们在一定条件下可以相互转化。作为一种数学思想方法,数形结合的应用大致可分为两种情形:借助数的精确性来阐述形的某些属性和借助形的几何直观性来阐明数之间某种关系。

猴兵知多少

猴儿们对侯三他们彻底服了，特别是对侯三，佩服得不得了。

侯三他们要走，猴儿们依依不舍，总是想让侯三他们多待一会儿。但是，侯三归心似箭，想早日回到家中，他真的想爸爸妈妈了。

猴头看实在留不住侯三他们了，只好为他们送行。

可是难题又来了。

猴头脸憋得通红，不好意思地说："我们想为你们排队送行。你看，从这里开始到那棵大松树有一条小路，正好40米长，每隔5米站一个猴子，站一队，一共要多少只猴子呢？

傻姑眨巴眨巴眼睛，呵呵一乐："这还不简单，一共40米，每隔5米站1只猴子，8只猴子就行了。"

猴头看着傻姑

似信非信，一脸的疑惑。

空中传来咯咯嘎嘎的怪笑声，疯猫忍不住笑了起来。

侯三知道有错了，要不，疯猫不会笑得这样难听。

大伙儿都把目光投向了侯三，等着侯三表态。

侯三轻咳一声，清了清嗓子："40米里面有8个间隔……"

"那么，8个间隔是不是就要站8只猴子呢？"猴头儿抢着说。

"呵呵，别急，我正要说这个问题。在40米长的小路上站一排，而且两头都站，这时候站得人数，不，猴数要比间隔数多一个……"

"这个，这个，你越说我越糊涂。"猴头直挠头。

"呵呵，这样吧，我们来实际演示一下吧。头儿，你辛苦一下，你站第一个。以后每隔5米站一个。"侯三乐呵呵地说。

"啊，我明白了。我站第一个先不算，以后每隔5米站一只猴子，8个间隔正好站8只猴子，加上我一个，一共要9只猴子，对吗？"猴头喜笑颜开。

"头儿真聪明！我们也知道了，列成算式：1+40÷5=1+8=9，我们要9只去站岗。嘻嘻，我们站队去喽！"猴儿们欢天喜地站队去了。

疯猫也乐了，哈哈一笑，大声总结：

"这种间隔有奥妙，
两头都站定好了，
算准间隔多少个，
间隔加一准知道。"

四 棵 古 树

猴王正在拍掌欢呼，一只小猴风风火火地跑来报告，并呈上一个大信封。

猴王拆开信封拿出信，不禁轻轻读了起来：

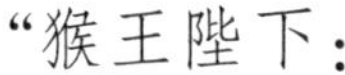
“猴王陛下：

您好！

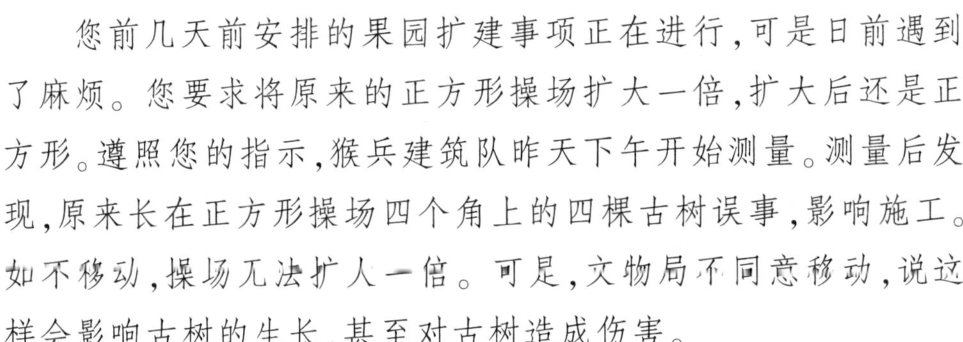
您前几天前安排的果园扩建事项正在进行，可是日前遇到了麻烦。您要求将原来的正方形操场扩大一倍，扩大后还是正方形。遵照您的指示，猴兵建筑队昨天下午开始测量。测量后发现，原来长在正方形操场四个角上的四棵古树误事，影响施工。如不移动，操场无法扩大一倍。可是，文物局不同意移动，说这样会影响古树的生长，甚至对古树造成伤害。

我尊敬的大王，施工队现在已经停止施工，何去何从，请您指示。

您的王后

即日”

猴王壮壮读完信，半天不吱声，他陷入了两难的境地。

“怎么啦？大王，需要我们帮忙吗？”傻姑关心地问。

“这个——”猴王欲言又止。

“啊哈哈嘎嘎……”疯猫放声狂笑，“一个想帮，一个不相信，好玩，好玩啊。”

猴王不好意思，把信递给傻姑。

傻姑看不懂，又把信交给了侯三。

侯三看完后，让猴王说说详细情况。猴王把情况又说了一遍，然后请求侯三帮忙想想办法，他相信聪明的人一定会有办法。

侯三蹲在地上，画着草图：小正方形、大正方形……

“侯三哥哥，大正方形能不能抱着儿子小正方形？”疯猫嬉笑着说。

“别打岔，我在想问题。”

“我说的是正经事，不是打岔。”疯猫认真地说。

“啊，我想起来了，我画给你看。”侯三先画了一个大一点的正方形，然后画了一个小一点的正方形。在原来的小正方形的四个角上画了四个笑脸，代表四棵古树。“你们看，这样一来，是不是古树没有动？”

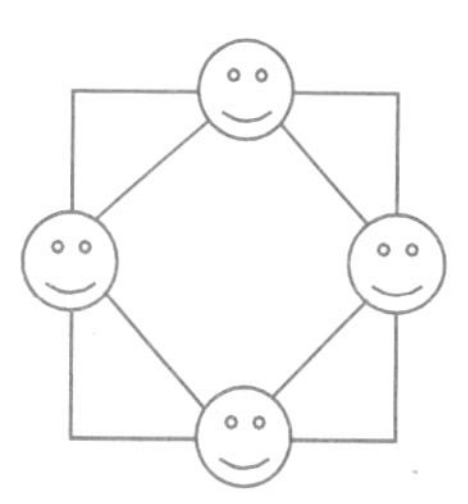

“古树是没有动。但是，你怎么知道这个大正方形的大小一定是小正方形的二倍呢？万一……”大青猴不放心地问。

“这个好办啊。让我们来连几条线看

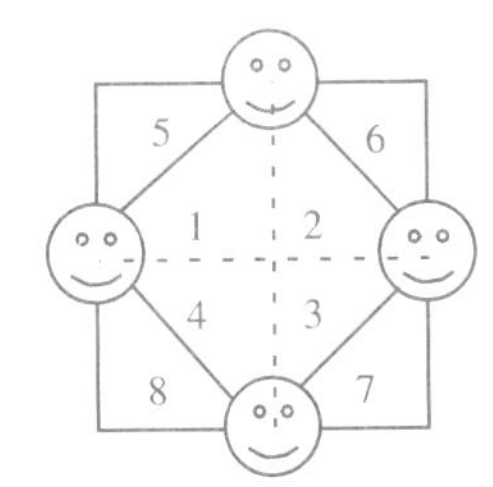

看。”傻姑插话了。

“你们发现了什么？”

“哦，知道了。一共分成了8个小三角形，每个小三角形都相等。这样，1号、2号、3号和4号4个三角形加起来，其大小正好等于5号、6号、7号和8号4个三角形加起来的大小。”大青猴若有所思地说。

“换句话说，现在正方形的大小恰好是原来的2倍，古树还不需要移动。你们人类真神了。”猴王竖起大拇指，冲着侯三不停地晃动：

“侯三真是神神神，
古树不移扩大成。
操场成功扩一倍，
千年古树笑吟吟。”

正方形：在平面几何中，正方形是具有4条相等的边和四个相等内角的多边形。正方形是正多边形的一种，即正四边形。

三角形：由不在同一直线上的三条线段首尾顺次连接所组成的封闭图形叫做三角形。

疯猫的魔术

侯三成功解决了操场扩建问题,不仅猴王高兴,整个猴群都激动万分,一个劲地高呼:“侯三,神人!侯三,神人!”

看着大伙如此高兴,疯猫也破了一回例,让大家看到他的真面目,虽然还是影子,并准备变个魔术给大伙儿开开眼。

疯猫伸手在空中一招,手中便多了三张白纸:“你们看清楚了,这是三张正方形白纸,是不是?”

“是!”猴儿们响亮地回答。

“现在你们能看到几个正方形?”疯猫举着三张白纸问。

“一个。”一个小猴说。

“一个啊。”另一只小猴表示同意。

“确实是一个正方形。”一只老猴撑着头,想了想说。

“看到一个,看到一个！”猴群集体高呼。

疯猫满意地点点头:“大家说的对。这样放,确实只能看到一个正方形。不过,还是这三张正方形白纸,我只要重新摆一摆,就能让你们看到四个正方形。你们信吗?”

“信……”

“好！那我就给你们变一个。”

疯猫要求侯三当他的助手,把两张正方形白纸,在地上角对角摆正了。然后,疯猫拿着剩下的一张正方形白纸,慢慢地转啊转……

“啊?真的是四个正方形。耶！”老猴发出惊呼。

“不过是两个大的两个小的而已。”猴王捋着胡须补充道。

“疯猫,真有你的,果真会变魔术。眼睛一眨,老母鸡变鸭。魔术变得好。”傻姑对着疯猫,不停地晃大拇指。

“这不是魔术,是数学,懂吗?小妹妹。”

疯猫踮着脚,尾巴扫来扫去,十二分的得意。

为了讨好疯猫,猴王编起顺口溜:

“三张方纸压压压,

你压我来我压它。

一角顶点放在心,

‘三’变‘四’来鸡变鸭。”

金猴的围墙

猴王的顺口溜把大伙逗得前仰后合，乐不可支，笑声一片。山谷里，笑声久久回响。

突然，一阵哭声从山嘴旁边的小树林里传了出来。

原来是一只小猴，蹲在树林中的一块空地上，两眼盯着地面，一把鼻涕一把泪，两肩一耸一耸的，哭得很伤心。

经询问得知，猴王走后，王后在家组织力量整修操场，没想到挖到了一只金猴子。这只金猴子就像活的一样，会哭会叫，还会拉屎撒尿。不过它拉的屎很值钱，一粒一粒的，全是金豆子。

王后高兴得不得了，准备等大王回去给大王一个惊喜。没想到，昨天夜里金猴子不停地哭闹，也不拉金豆子了。哭声就像打锣，可响了，吵得整个猴群都无法安睡。王后很生气，把金猴扔到地上，没想到这个金猴会打洞，四爪扒洞想逃跑，要不是王后手疾眼快，这只金猴早跑了。王后抓在手里，金猴不哭也不闹。一松手，还是那样。可是，老是这样攥着也不是个事啊。

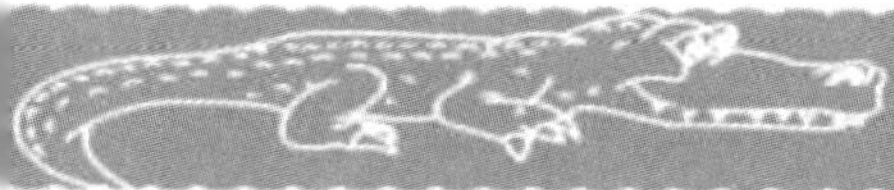

于是，王后把金猴装在橡皮口袋里，派小猴送来交给大王处理。

“可是，王后没叫你在这里哭啊？”猴王十分关切地问。

“后来小的跑热了，钻进树林凉快凉快。小的担心金猴死了，它半天都没叫了，就把金猴掏出来看看。没想到金猴突然跳出口袋，落到小的脚下，三扒两爬就不见了踪影。嘤嘤……”

说到此处，小猴又伤心地哭起来。

“来人啦，给我从这里挖，挖地三尺，看它能跑到哪里。”猴王高声吩咐。

“大王，且慢！这种金猴跑的地方不大，但是跑得很快，捕捉起来不容易。要想抓住它，得要先给它打个围墙。围墙圈好了，金猴就安安稳稳地呆在圈内，乖乖地任你捕捉。”疯猫不慌不忙地说。

“打围墙？用砖还是泥巴？”猴王着急地问。

“当然不是。取8根荆条，其长度分别是1分米、2分米、3分米、4分米、5分米、6分米、7分米和8分米。用这些荆条拼一个正方形框子，框住金猴落地的地方就行了。”

“这还不简单？我随便拼拼就行了。”傻姑信心十足。

疯猫不以为然，只是笑盈盈地看着傻姑。

不一会，去砍荆条的小猴就回来了，按照疯猫的吩咐，把荆条截成符合要求的长度。

傻姑抢上去就摆，她拿了1分米、2分米、3分米、4分米4根荆条，摆来摆去就是摆不成正方形。她不死心，又换成2分米、3分

米、4分米、5分米4根荆条，还是摆不成正方形。

猴王不信，这么简单的问题，猴王决定自己试试

无论怎么摆，猴王都摆不成边长在6分米以下的，包括6分米的正方形框。猴王百思不得其解："怪了，这是怎么回事呢？"

"聪明的人，你能告诉我这是为什么吗？"猴王向侯三求教。

其实，侯三早就在心里盘算了，见猴王提问，便朗声说道："既然拼接从短的入手比较困难，那么，我们从长的入手，会不会容易一些？如果把正方形框的一条边长，也就是边长定为8分米，那么，其他3条边只要凑成8分米就行了，1+7、2+6、3+5。如果把正方形的边长定为7分米，则考虑1+6、2+5、3+4。如果边长为6分米……"

"边长越短越好，这样挖起来省事一些。"猴王提出要求。

"这个……好！我们来试试。如果边长是6分米，则1+5、2+4、3+……不行了，只有一个3分米荆条。"侯三边讲边摆。

"为了保险起见，把金猴的围墙打大一点，我们就摆边长为8分米的荆条方框吧。"疯猫一锤定音。

众人七手八脚忙活起来，不一会真的挖出了金猴。

猴王把金猴亲了又亲，高声唱道：

"小小金猴真猖狂，
需要大家摆围墙，
七拼八凑接边长。
先从大数来入手，
两两拼成整边长。"

五只金虎

看着大家高兴,金猴细声细气地说话了:“看来各位喜欢金子,这下面还有五只金虎。”

“金虎?你是说这下面有金虎?”猴王的嘴巴张得老大。

“是的,金虎。”金猴肯定地点点头。

这五只金虎原来是五只真虎,是亲兄弟五个,住在深山老林里,在各自的地盘上活动,彼此倒也相安无事。

可是,有一天,来了一只母老虎。这只老虎正当妙龄,而且处在发情期。五兄弟都看上了这只母老虎,这一下情形发生了变化。大家争风吃醋,你争我斗,互不相让。结果谁也没有得到这只母老虎,兄弟情分受到损伤,兄弟五个不再来往。

这件事被金手指魔法大师知道了,决定教育教育这五兄弟,要让这五兄弟和好。可是,五兄弟听不进去劝告,金手指魔法大师一怒之下,把五兄弟变成了五只金虎。当时一只在旁边看热闹的猴子,也被顺便变成了金猴子。

“如何才能抓住这五只金虎?”猴王总是关心金子的问题。

“这五只金虎我知道在哪儿,挖起来也不难。可是这五只金虎每只要单独关在一个荆条框内,但是,只能用四个荆条框。”

“不可能!你这不是在难为人吗?一只老虎一个框,五只老虎当然要五个框,这个幼儿园的小朋友都知道。”傻姑气得直

跺脚。

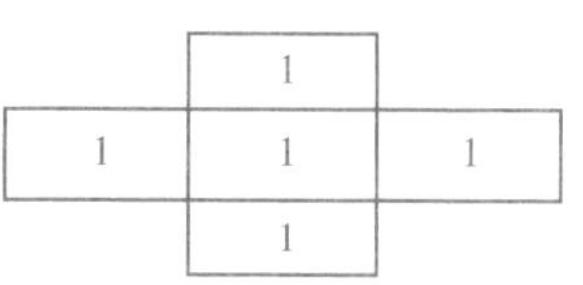

大家都陷入了沉思，这有可能吗？

“要这么容易就被解决了，你们今天还能看到这只金猴吗？嘎嘎啊哈哈。”疯猫狂笑不止。

侯三被疯猫笑得有些烦，正想发火，疯猫对着他的耳朵，如此这般说开了。当然，别人是看不到的。

侯三指挥大家摆四个荆条框，等金虎挖出来了好框住它们。可是，没人理他，他们认为侯三是在瞎指挥，让大家白忙。

侯三没办法，只好在地上画出草图，向大家解释。

“四个长方形框，照这样在四周一放，在中间不就多围出了一个框吗？正好可以关五只金虎。”

“照这样说，我用四个正方形荆条框不也行吗？”傻姑为自己的发现激动不已。

“是的，是的。真聪明！不要光说不练，开始抓金虎吧。嘎嘎嘎哈哈。”疯猫忙不迭地夸奖。

说干就干。在金猴的指引下，很快挖到了五只金虎。大家七手八脚把五只金虎放在了事先摆好的框内。

说也神了，老虎进入框内，不停地长大，框也随着长大。不一会儿，出现了五只威风凛凛的雄虎。荆条框呢，也变成了高高大大的围墙。

众人再来找金猴，哪里还有金猴啊，金猴变成可爱的小金丝猴了，在树上荡着千秋呢。

老虎的游戏

五只老虎重获自由，高兴得又蹦又跳，又咬又叫，绕着围墙边，向众人不停地作揖，感谢大家让它们恢复了原形。五只老虎喜极而泣，眼泪不停地往下流，决定为大家表演一个节目。

三只老虎，每只脖子下面挂一个布袋，布袋是透明的，里面装满卡片。

三只老虎来到场地中央，绕场一周，最后在侯三跟前一字排开，站定。

老大、老二抹着眼泪，带领老虎们再次作揖致谢。

“唉，我说你们弄这些卡片干什么？现在也不是过年过节的，你们要发明信片啊？”快嘴的傻姑发话了。

“恩人有所不知，这是我们兄弟五虎专门为大家准备的表演节日。”五虎的老大说。

“是魔术吗？我喜欢看魔术。”猴王急急地问。

“魔术？噢，也可以说是数学魔术。各位看到这些卡片了吧？这些卡片上分别写着60、70和80这些数，如果从中任意摸出两张卡片，将其两个数相加，答案有几种？当然，每种卡片的数量都足够多。”虎老三指着卡片袋解释道。

“这还不容易?看我的。60+70=130,70+80=150,60+80=140。答案只有130、150和140三种答案。是也不是?”傻姑跷着二郎腿,得意洋洋地看着众人。

“哈哈哈,嘎嘎嘎……”空中响起疯猫的笑声。

疯猫的一阵怪笑,侯三知道傻姑的答案有问题了。可是,问题在哪儿?

侯三想来想去不得要领。

多亏疯猫及时提醒:“先抓住一个再……”

侯三明白了,他先从60入手,列出了下面的式子:

60+60=120,60+70=130,60+80=140,有三种。

60以外的相加:70+70=140,70+80=150,80+80=160,有三种。

“啊,我知道了,3+3=6,一共有六种答案。”猴王大喊大叫。

“猴王,你看看到底是几种?”侯三放慢语气说。

“哦,我来瞧瞧。140答案重复了去掉一个重复的,还剩下120、130、140、150和160五种答案。这下对了吧?”猴王掰着手指头说道。

五只老虎现场表演了卡片相加的魔术,让观众任意抽两张卡片,把上面的数相加,结果还真的只有五种答案。

“考虑问题要周全,

有序思考是关键。

去掉重复那部分,

剩下就把答案见。”

猴王说起了快板书。

蛇国漫记

说到蛇，可能有些同学害怕了，总觉得蛇就是恶魔，是十恶不赦(shè)的大坏蛋。其实，我们人类对蛇有着较多的误解。不信？你往下看吧。蛇国里有老蛇、火蛇、会“下娃”的面人、以及倒着开的火车……

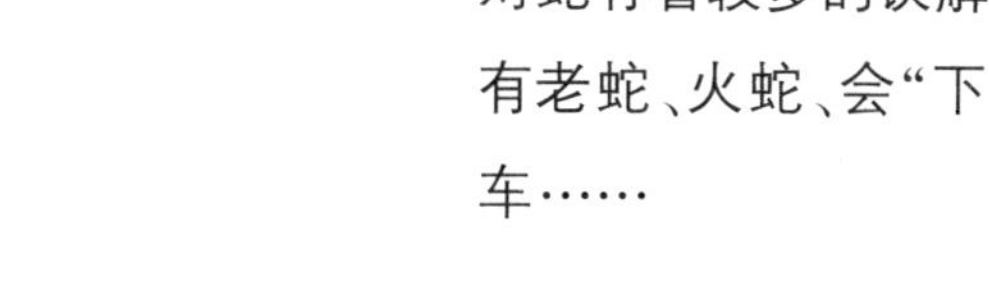

遭遇老蛇

洋洋家在省城，外婆家在大山里。每个暑假洋洋都在外婆家度过，今年这个暑假也不例外。也就是这个暑假，让洋洋与蛇国结下了不解之缘。

一天午后，洋洋趁大人们都在睡觉的时候，和另外两个小伙伴妞妞、丫丫一起悄悄溜到外面玩。他们顺着村口的溪流慢慢往山上走，不知不觉来到了一个山洞跟前。

这山洞很奇特，洞口好像一个蛇头，蛇口大开，水从蛇头里

不停地流出来。

洞口离地面有一人多高,一根藤子从洞口垂下来,软软地在空中摆动。

洋洋不免有些失望,无路可走,只有从这里试试了。

洋洋揪住这根软藤,奋力向洞口爬去。

“阿嚏!谁在拽我的胡子?”一声断喝从洞里传出,好似一阵闷雷隆隆响起。响声过后,洞口随之合了起来,向前缓慢移动。

“啊?蛇!”妞妞、丫丫声音颤抖,带着哭腔。

洋洋松开手中的藤子,退后几步,果然是个蛇头。虽然常在大山里玩,但从来没有见过如此巨大的蛇头。

蛇头足有一头小牯牛身子那么粗,上面长着鸡冠似的红色肉瘤。蛇鳞好似一个个小蒲扇,泛着淡蓝色的光,整齐地排列着。蛇眼放着绿光,就像两只小灯泡。

“不好,大蛇,快跑!”洋洋发出一声尖叫,拔腿就跑。

“嘿嘿,跑什么,回来。”闷雷声再次响起。

一股强大的力量从后面吸住了洋洋。洋洋两条腿拼命往前跑,可是怎么也跑不动,脚下打滑,身体一直向后退,又回到了原来的地方。

“跑什么?我又不吃人,我年纪一大把了,一直在吃斋念佛。我只是有个问题想不通,要找个人问问。”大蛇把眼闭上,放慢语气缓缓地说。

“问题?什么问题?你说出来,我们洋洋哥肯定知道。不过,说对了,你可得送我们出洞。”妞妞、丫丫离得远远的,小心翼翼

地说。

“这个自然。我在这里已经有千年了，路熟得很。”大蛇骄傲得冠子发亮，“问题是这样的：前几年，我让管家老龟去采购了一些千年蛇果，回来后，老龟把这些蛇果平均分给我们4个人，每人一个，分完一轮再继续分，分完为止。最后老龟手里还剩6个蛇果。我那个上小学三年级的玄孙说老龟分得有问题，但他也说不清楚。你们说老龟分得对不对？应该剩几个蛇果？”

“这个让我想想。”洋洋一只手撑住下颌，默默地思考。

洞里静得出奇，只有大蛇的嘴里偶尔滴出一滴水，发出细微的雨点声。

“哦。我知道了！”洋洋在地上画了四个圈，边说边演示，“不管多少，反正都平均分成4份，就是说除数是4。老龟手里还有6个，不符合‘分完为止’，应该继续分。因为6里面还有一个4，还够分一轮，每人还能分到1个蛇果，最后应该剩下2个蛇果。”

“嗯，明白了，这里余数说了算，余数不能比除数大。回头找老龟算账。”老蛇点着头说。“谢谢你们，这就送你们出去。来，坐到我的背上，闭上眼睛。

这真是：

“除数做事最公平，

平均分配不徇情。

余数不能比除数大，

最少要小一个整。”

看看，老蛇也会总结了。

巧分“圣水”

蛇王把洋洋他们送到一个水瓶边，说什么也不愿往前走了。

“聪明的人，神人，我只能送到这里了，前面离你回家的路不远了。再往前属于圣水地界了，我道行不够，不敢造次。擅自闯入，会受严惩。请您恕罪，多多担待。”老蛇毕恭毕敬地絮絮叨叨。

“谁？谁在那儿？”一个穿着红褂子的小孩儿蹦蹦跳跳地跑来了。

这个孩子和洋洋差不多大。

他看着洋洋问：“你是来找我爷爷的吗？他有事出去了。”

“我们——”洋洋一时不知如何说才好。

“哦，没关系。爷爷临走的时候说了，如果有人来找，就让他把这东西分了。东西分好了，爷爷就会回来。”孩子指着那个大瓶子说。

“分什么东西？”洋洋满脸疑惑地问。

“喏，你看到了那个大瓶子没有？”

“看见了。”

“两个小瓶子呢？”

“也看见了。”

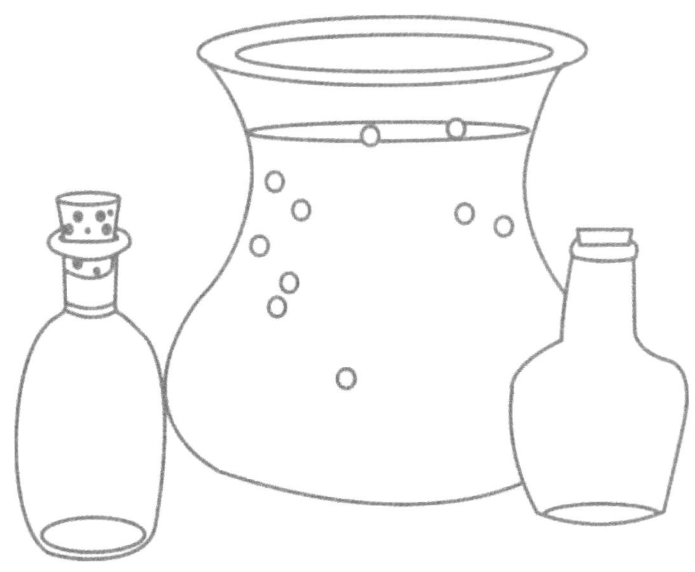

“嗯。大瓶子现在装得满满的，正好装10千克。旁边的两个小瓶子，一个可以装4千克，而另一个只能装3千克。现在只准你用这3个瓶子，把大瓶子中装的东西分成两个5千克。你能做到吗？”

“这个——让我想想吧。”

怎么分呢？洋洋苦苦思索着。

“1、2、3、4、5，上山打老虎……”影子在洋洋耳边轻轻地唱。

“烦……嗯，3、4、5，我知道了。”说完，洋洋便动手分了起来。

洋洋先把4千克的瓶子装满，再倒入3千克的空瓶子中，然后把3千克瓶中的全部倒入大瓶内。

洋洋拍着4千克瓶子说：“看，我已经分出1千克了。”

小孩点点头:“要分出5千克的呀。”

洋洋不说话,接着往下分。

把4千克瓶中余下的1千克倒入3千克的空瓶中，又用大瓶子里面的“圣水”把4千克的瓶子装满,然后把两个小瓶子放在一起。

“噢,妙！两个小瓶子合起来5千克,大瓶子里还剩5千克。”小孩儿拍着巴掌一个劲儿喊好。

“呵呵,不简单啊。”一个满头银发的老爷爷笑呵呵地走来了,“4-3=1,先分出个1千克。4千克装满,两个瓶子就是5千克了。”

妞妞、丫丫、小孩儿,冲着洋洋竖起大拇指。

“真是聪明的小朋友,就用你分的酒请你,怎么样？”老爷爷指着大瓶子说。

“这里装的不是圣水？”妞妞、丫丫同时惊呼。

“圣水？”老爷爷不解地问。

洋洋就把蛇王的故事说了。

老爷爷哈哈大笑:“那是大蛇被酒熏醉了,哈哈……”

这真是:

“加加减减算,

分出两半半。

先把1来凑,

剩下就好办。”

老爷捋着胡子仰天大笑说。

将错就错

老爷爷挺高兴，一手拉着洋洋，一手拉着孙子："你们两个差不多大，就都做我的孙子吧。洋洋就当哥哥，好不好？"

"好倒是好，可是，爷爷，我可能没有他聪明。"洋洋指着小孩儿说。

"他，聪明？"老爷爷又哈哈大笑起来，"你让他自己说，他前几天做作业，干了一件什么事？"

"洋洋哥哥，说起来都丑死人了。那天，老师布置了一道家庭作业，是加法算式。我在做的时候，嗨，你猜怎么着？我把个位上的6居然看成了9，把十位上的3，匆匆忙忙又看成5。计算的时候倒是没错，结果算出来的和是95。洋洋哥哥，你说我要是没有看错，原来正确的得数应该是多少呢？”小孩儿蹙着眉头，小脸儿涨得通红。

看着洋洋为难的样子，小孩儿有点不好意思了：“都怪我把数字看错了。要不然……咳！”

“哦，看错了，算没错。”洋洋自言自语地说。

“是的！”小孩儿认真地点点头。

“那就好办了！你把十位上的3看成了5，个位上的6看成了9，就是说，你把36看成了59。”

“是的！”

“59与一个加数相加(注意这‘一个加数’始终没变，它没有被看错和算错)，得到和是95。95减去59得36，这个36就是这‘一个加数’。”

“噢，我明白了，当时是两个36，我看错了一个36，36+36=72，原来正确得数应该是72。”小孩儿高兴得又蹦又跳。

“嗯，不错。我们还可以这样想，把个位上6看成了9，就多加了3，把十位上的3看成5，就多加20，这样95一共比正确答案多加了23。95−23=72，72就是正确答案了。”老爷爷笑眯眯地补充道。

“好玩好玩真好玩，
错看数字没错算，
错了就按错的办。
去掉多算那部分，
就是正确的答案。”

小孩儿说起了快板。

火车倒着开

老爷爷要请洋洋喝酒，洋洋抿着嘴摇着头，态度坚决得很。

老爷爷哈哈一乐："嗯，是个好孩子。好了，不跟你开玩笑了，我送你们到车站，坐车回家。"

"谢谢爷爷！谢谢爷爷！"洋洋又是打拱又是作揖，激动得眼泪汪汪的。

老爷爷一直把洋洋他们送上车，才领着孙子，一步一招手地消失在古树林中。

"各位旅客请注意，欢迎乘坐本次列车。本次列车免费乘坐，列车的快慢也是由旅客决定的。各位旅客请注意……"列车广播反复播着这几句话。

洋洋非常奇怪，哪有火车快慢由旅客说了算的，我想火车开得有火箭那么快，你行吗？洋洋在心里嘀咕着。

"洋洋旅客，你的要求我们做不到，如果有火箭那么快，我们刚起步你就已经到家了。"广播里客气地说。

洋洋非常吃惊："我心里想什么火车怎么知道的？"

"嘿嘿，我们是智能火车，只要你心想的，我们都知道。我们能满足你的尽量满足你。"广播又说话了。

洋洋吓得把嘴紧紧地捂住，眼睛闭上，什么也不敢想，什么也不敢说了。

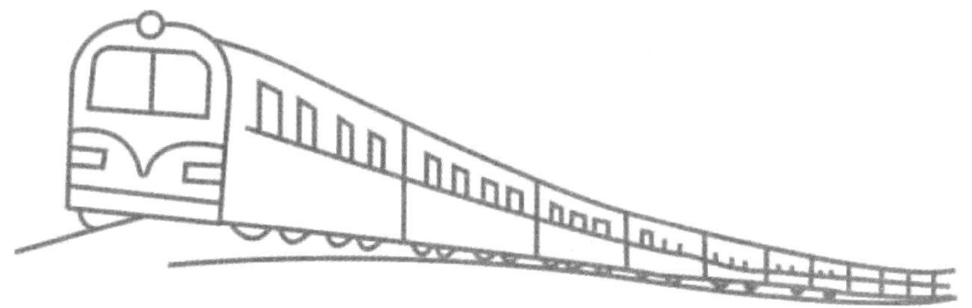

“哈哈！刚才跟大家开了个玩笑，不必害怕，哈哈……”广播里笑个不停。

“好了，现在言归正传。列车马上就要启动了，列车每分钟前进的千米数，就是要你们算的这个数。由此造成的一切问题，本列车概不负责！”

“这么重要啊？这个数是什么数？”妞妞、丫丫紧张地问洋洋。

“这个数加上8，再乘以8，又减去8，最后除以8，结果还是等于8，这个数是多少？”广播抢先回答了。

洋洋想来想去不知道从何处下手。

这时，广播再次响起：“如果各位旅客再算不出这个数，列车将自动掌握快慢，可能一会很快，可能一会很慢，可能一会向前，可能一会向后倒……”

“我倒，我倒，我就倒，我还倒倒……”影子在洋洋的身边打着倒立。

“嗯，倒？啊，我为什么不倒过来想想呢？”洋洋来了灵感，“我们先从结果入手，倒过来想想，从后面往前倒推，不就可以找出这个数了吗？”

“咦？这个办法新鲜，好玩。赶快试试吧。”妞妞、丫丫兴奋得相互击了一掌。

洋洋蘸着口水，边说边在桌子上列出算式：

先用结果8乘以8，8×8=64；再用64加8，64+8=72；72再除以8，72÷8=9；最后用9减去8，9-8=1。呵呵，这个数是1。

8×8=64，64+8=72，72÷8=9，9-8=1。

“噢，这个数是1，就是说火车一分钟前进1千米，不会倒退了。洋洋哥太伟大了。”妞妞、丫丫激动得不知道说什么好。

“各位旅客，本次列车准时从站里出发，火车速度每分钟1千米……”

火车哐当哐当地唱起了歌：

“从前往后想不出，

从后往前理由足。

步步倒着往后走，

最终答案推得出。”

四则运算：在初等数学中，当一级运算（加减）和二级运算（乘除）同时出现在一个式子中时，它们的运算顺序是先乘除，后加减；如果有括号，就先算括号内，再算括号外；同一级运算顺序是从左到右。这样的运算叫做四则运算。

智退火蛇

火车有节奏地敲击着钢轨，平稳地向前运行。

“啊！我们终于可以回家了！”洋洋他们欢呼着，跳跃着，大声呼喊。

吱——哐当，火车突然紧急刹车，险些把洋洋他们摔个嘴啃地。

“各位旅客请注意，各位旅客请注意，火车前方遇到了不明情况的烈火，挡住了道路，列车现在临时停车……”

洋洋提到嗓子眼的心又慢慢回到了肚子里。

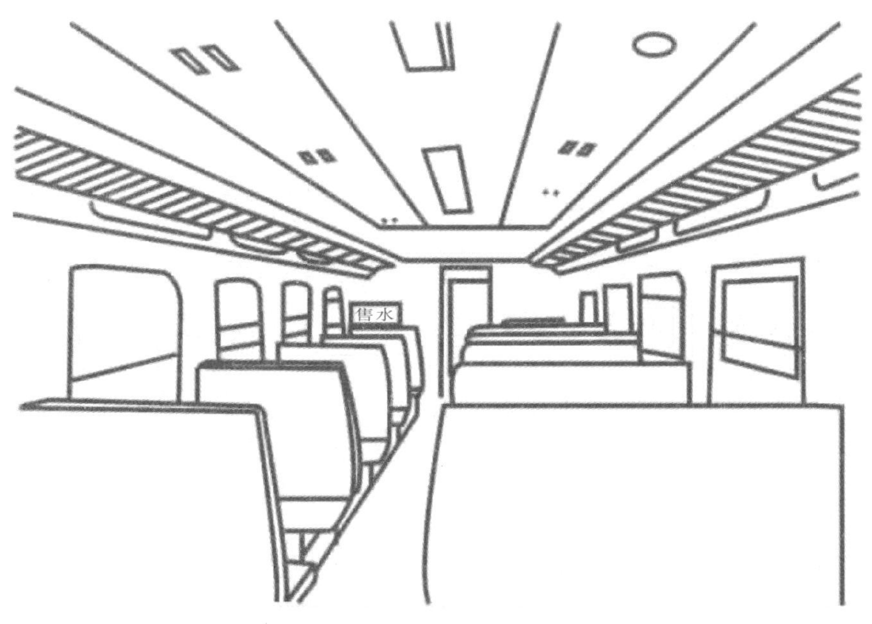

“洋洋哥,我好热啊！”丫丫妹妹拖着哭腔说。

洋洋转身来看丫丫妹妹,突然车窗咔嚓一声关死了,再想打开它,门都没有。车厢两头的门也关死了,整节车厢只剩下他们三个人了。

此时,洋洋也感到了热,而且越来越热。

“火！烟！”妞妞、丫丫大惊失色,“我们要成烤肉了,呜呜——”

可不是吗?浓烟包裹着车厢外部,大火围绕着车厢,一圈一圈地绕着烧。看这架势啊,不把洋洋他们烤熟了决不罢休。

想到这,洋洋的泪下来了,他想到了妈妈。

“嘿嘿嘎嘎,男子汉哭鼻子,不嫌羞,喔喔,这边不丑那边丑。”影子对着洋洋,一左一右地刮着脸皮。

“滚！”洋洋抬起腿就给影子一脚。

影子嗷嗷地跳到一边:“急眼了吧,还不赶快求我?”

听影子这么一说,洋洋不急了,他知道影子的本事,只要影子肯出手,这只是小事一桩。

“呵呵,对不起,刚才是我性子急了,没伤到你吧?”洋洋连声道歉。

“当然没有,我影子是一般人吗?”影子得意地跷起了二郎腿,滑稽极了。

“那就请影子,不不,影子兄赶快灭火吧,晚了我们就要成烤肉了。”洋洋赔着笑脸说。

“你们上车的时候,蛇王不是送你们10瓶矿泉水吗?那可不

是一般的水。”

“再怎么厉害,不就10瓶矿泉水吗?它们能灭这火?”

“不信拉倒,我可要走了,不想成烤肉。”

影子说完把洋洋带到车厢的尾部,指着一个柜子说:“这是一个机器人售货柜,不过它不要钱。”

“那它要什么?”

“你自己看。”

洋洋连忙凑到跟前,只见柜门上写道:

以物换物,3个矿泉水空瓶子,可以换1瓶矿泉水……

“你要把这10瓶水和用这所有空瓶子都换来的水,全部泼向火,才可以熄灭这场大火。”

“空瓶子……换3瓶矿泉水……”洋洋直挠头。

弄明白事情的原委后,丫丫妹妹首先发言了:

“这还不简单吗?我们先把这10瓶水泼了,剩下的10个空瓶子还可以换3瓶矿泉水,一共可以泼13瓶水。”

“不对,妹妹说得不对。把换到的3瓶矿泉水泼了,又会有3个空瓶子出现,用3个空瓶子还可以换一瓶矿泉水。这样一共可以泼14瓶矿泉水。”

洋洋看着说明,喃喃自语:

“3个矿泉水空瓶子,可以换1瓶矿泉水。就是说,3个空瓶子可以换一个有瓶子的矿泉水。实际上,等于2个空瓶子换一个无瓶子的矿泉水。10瓶矿泉水有10个瓶子,10个瓶子换5个无瓶子的水。10+5=15,但是最后只剩下2瓶水,换不了一瓶。因此,应该

是15-1=14。14瓶水。”

“聪明，完全正确！泼水吧。”影子高声喝彩。

丫丫妹妹负责打开瓶盖，妞妞姐姐专门用空瓶子换水，洋洋负责泼水。

四周封闭，洋洋只好隔着玻璃泼水。

奇怪的是，水泼在了玻璃上，车厢外的火居然慢慢小了不少。一条条火蛇惨叫着、翻滚着跌下了火车。

“原来是火蛇作的怪，难怪它怕水呢。”洋洋长长地舒了一口气。

影子嘻嘻一笑，慢条斯理地唱上了：

“空瓶换水明道理，
只算空瓶换纯水。
原水加上换来水，
最后减去一瓶水，
就是全部‘无瓶水’。”

水为什么可以灭火？

水能灭火，是因水具有以下几种特性：①冷却作用，能使燃烧物质表面的温度迅速下降；②窒息作用，水遇高温变成水蒸气能稀释可燃气体和氧气在燃烧区内的浓度。

"下娃"的面人

打退了火蛇，洋洋累得浑身酥软，一点力气都没有了。肚子咕咕叫，不停地向洋洋抗议。洋洋这才想起来，早该填填肚子了。

洋洋四处一看，巧了，离火车不远的地方就有一家面馆，蒸笼上的热气冒得老高呢！

"走，咱们吃包子去！"洋洋高呼一声，率先走下了火车，一阵风似的奔向包子店。

"老板，买包子。"妞妞、丫丫气喘吁吁地说。

"对不起，我们这儿不卖包子。"一个胖胖的师傅笑微微地说。

"那你这是——"洋洋指着蒸笼问。

"噢，你说这啊，这里蒸的是面人。"胖师傅不紧不慢地说。

洋洋肚子早就唱空城计了，揭开蒸笼就要拿面人吃。

可是被胖师傅拦住了："喔，是这样的。其实呢，我们这儿是艺术工厂，专门制作面人的，不过我们制作的面人都是点心，是给人吃的。我们这儿有个规矩，如果算对了，面人管饱，如果算不对——"

"那会怎样？"洋洋他们异口同声地问。

"也不怎样，要留在这里捏面人，一直到会捏为止。"

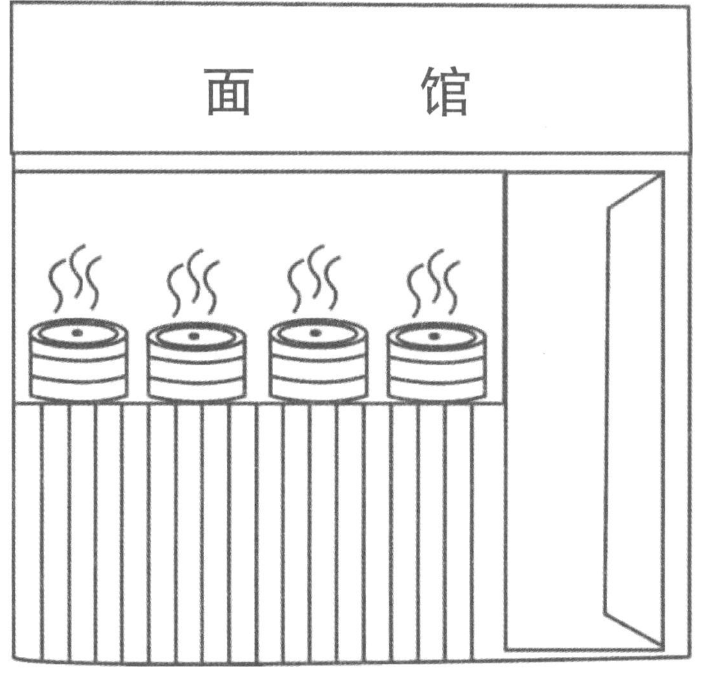

“这个——好吧，你说怎么算吧。”洋洋决定一搏了。

胖师傅咳嗽一声，清清嗓子，不紧不慢地说：“用一个面坯子可以捏成一个面人，但在捏的过程中，要抠下一些面块，6个面坯做成面人所抠下来的面块，又够做一个面人的面坯。现在给你36个面坯，你可以捏出多少个面人？”

洋洋拍拍脑袋说：“6个面坯做成面人所抠下来的面块，够做一个面人的面坯。36个面坯捏成面人，可以抠下来的面块够做6个面人的面坯。6个面坯捏成面人，又可以抠下来1个面人的面坯子。”

“哦，我明白了。36÷6=6，6÷6=1。36+6+1=43，36个面坯一共

可以捏出43个面人。对吗？”妞妞、丫丫高兴得小脸泛着红光。

“恭喜你们，答对了！”胖师傅拍着满是面粉的手说。

“出来，宝贝。走！”胖师傅对着蒸笼吹口气，一个个面人从蒸笼里飞了出来，稳稳地飘在洋洋他们的胸前。面人冒着热气，嘻嘻哈哈地荡着秋千。

妞妞、丫丫使劲咽了口吐沫，没敢吃这个活着的面人。

胖师傅乐了：“哈哈，没事，尽管吃，它们就是点心，不过是会动的点心罢了。好了，别闹了，开饭了！”

面人停下来后就是一个个馒头，人形的。

洋洋吃饱了，高兴地拍着肚皮，肚皮唱起了歌：

“小小面人本领大，

捏成六个还下娃，

最后一个不下娃，

合到一起就行啦。”

面人：面人也称面塑，是一种制作简单但艺术性很高的民间工艺品。它是一种以面粉、糯米粉为主要原料，再加上颜料、石蜡、蜂蜜等成分，后经过防裂防霉的处理而制成的柔软的面团。

时间停止

洋洋他们慌慌张张地回到火车上，可是火车半天也没走，趴在原地喘气，哧——哧——，就是不走。

“不是说六点半准时发车吗？这是怎么回事？刚才不是说5分钟就发车吗？”洋洋焦急地问妞妞、丫丫。

问了半天没人搭腔，洋洋回头一看，他也傻了，只见妞妞、丫丫在那儿摆造型呢。

妞妞、丫丫躺在一个时钟模型里，丫丫指在6，妞妞也指在6。旁边还有几个小字：现在时刻是六时半。

洋洋一看明白了：噢，妞妞、丫丫在玩时钟游戏。

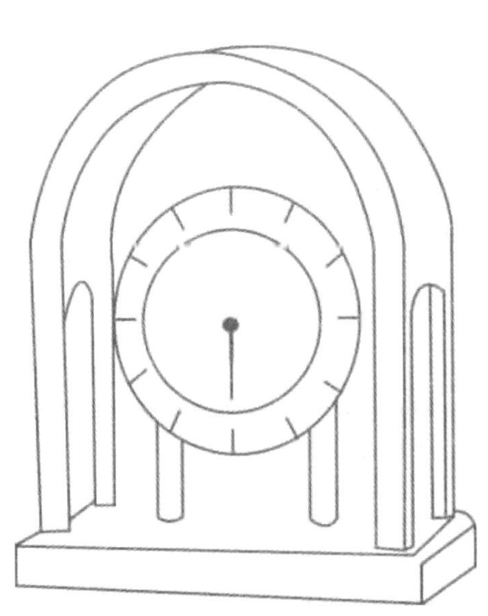

等了一会儿，妞妞、丫丫没动，火车没有开。再等了一会儿，妞妞、丫丫依然没有动，火车还是没开。

列车上静悄悄的，什么声音也没有。

洋洋感到不对劲儿，再仔细看看周围，吓了一跳，周围的人都在摆造型，一动都不动。有的刚迈出一只脚便

停在空中，既不后退，也不前进；有的张开嘴打了一半的哈欠，也停在那儿；有的刚从洗手间里出来，一脚门里，一脚门外，傻站在那儿……

洋洋懵了：这是怎么回事？

“这是时间瞬间定格，一切东西都停下了。”影子悠悠地说。

“可是，我能动啊？”

“那是我在保护着你。”影子嘎嘎笑着回答。

“有办法保护他们吗？”

“有倒是有，除非你把时间拨正了。”

“什么意思？现在时间不对吗？”洋洋有些吃惊地问。

“现在——应该是——什么时间？”影子一顿一顿地问。

“现在不是六点半吗？火车说六点半开的呀？”

“六点半分针应该指在哪儿？”

“指在6。”

“那么丫丫呢？”

“丫丫应该指在——指在6？啊，不对，丫丫扮作时针，应该指在6和7之间，因为是半时。”

“那你看看妞妞、丫丫指的六时半，时针、分针都指在了6……”

洋洋赶紧跑过去搬动丫丫，可是他使出吃奶的力气也动不了分毫。

“呵呵，我来那啊啊啊啊……。”影子念动咒语。

随着影子念动咒语，丫丫哐当一声跑到了6和7之间。

“哎呀,累死我了。洋洋哥,怎么不早点救我们?”妞妞、丫丫气喘吁吁地说。

洋洋咧了咧嘴,想说我救不了你,话到嘴边改了:“你们怎么指的六时半?”

“我们……我们,是丫丫妹妹站错了位置。”妞妞说。

“不是的,我刚走到6,突然被定住了……”丫丫妹妹一脸的委屈。

“她说的是实话。错误出在洋洋你的身上,你有一次画六时半的时候,你把时针、分针都指在6,所以她们才会出错。”影子叹着气说。

“关于这个有口诀,记好了。”影子对妞妞、丫丫说,

“半时分针指在6,
时针指哪儿有讲究,
半时过去指一半,
这样才是几时半。”

时间真的会停止吗?用爱因斯坦的相对论来解释的话,当物质以光速运动时,时间便会停止。当然,这目前只是理论上的事实,人类还没有能力制造出速度达到光速的物质。

三把金钥匙

火车终于继续前进,洋洋悬着的一颗心也落了地。

“不、不好了……关在厕所里了。”妞妞慌慌张张跑来说。

“厕所里?谁关在了厕所里?”洋洋看着妞妞问。

“是……是妹妹。”

“谁关的?”

“是风,也不是风……”妞妞使劲咽口唾沫,定了定神,“我和妹妹从厕所出来,我前脚刚迈出门,后脚门哐当一声就关上了,并且还咔嚓一声,锁死了。

厕所位于两节车厢的接头处,与洋洋的座位隔着一节车厢。洋洋他们来到厕所跟前,丫丫还在里面砰砰地捶着门。

“救我啊,救我啊,我不想在厕所里坐牢啊,呜呜……”丫丫妹妹号啕大哭。

丫丫妹妹的泪水溅在铁门上方的小玻璃窗上,泪珠滚啊滚,变成三个字——金钥匙,还放着道道金光呢。

“啊，金钥匙，金钥匙一定可以打开这个门。”妞妞激动地说。

“也许吧，可是，我们到哪里去找金钥匙？”洋洋犯难了。

“呵呵嘎嘎哈哈，咋不问我呢？我知道哪里有你们要的金钥匙。”影子怪笑着说。

“哎呀，快说吧，我们等着救人！”洋洋对着空中作揖哀求。

“嗯，好吧，谁叫咱们是好朋友呢？金钥匙在餐车的酒柜里。”

洋洋一阵风似的冲进餐车，打开酒柜，找遍酒柜的边边角角，连个钥匙的影子都没看到。

洋洋心中有气，高声叫骂：“死影子，你骗我，哪里有金钥匙？”

“骂人不好，不要着急。你看到柜子里的四个瓷酒杯子了吗？”影子慢悠悠地说。

“看到了，酒杯里也没有钥匙。”

“呵呵，马上就会有了。现在这四个杯子都是口朝上的，每次翻3只杯子，如果你能用最少的次数让杯口全部向下，你将会发现3把金钥匙。注意，如果你翻动的次数不是最少的，不但拿不到钥匙，就连丫丫妹妹也会随金钥匙一起消失。”

“唉，打住。我要3把钥匙干什么？一把不就行了吗？”

“不行，这门必须要3把钥匙同时用才能打开。”

“嗯。谢了！”

“洋洋哥，别发呆啊，快找钥匙。”妞妞催促道。

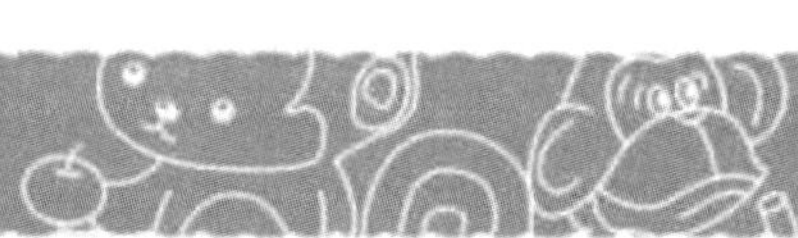

“啊，好的。”

洋洋嘴里应着，手却不敢乱动，这个万一……丫丫妹妹可就……要有什么能代替就好了。

突然，洋洋想起来了，自己的口袋里有扑克牌，用扑克牌代替杯子，试验一下，或许有办法。

洋洋拿出4张扑克牌，牌面全部朝上，尝试翻牌。

“哎呀，还有心思玩牌？”妞妞说完就要抢扑克牌。

“别打岔，我正在想办法。”洋洋拦住了妞妞伸过来的手。

洋洋开始了实验。

他先把4张扑克牌依次编成了1号、2号、3号和4号。他先把1号、2号和3号翻成面朝下，现在只有4号面朝上。再把1号、2号翻成面朝上，把4号翻成面朝下。第三次3号、4号翻成面朝上，2号翻成面朝下。第四次，把1号、3号和4号翻成面朝下。Ok！全部成了面朝下。

洋洋激动万分，立刻依样画葫芦，很快把4个杯子翻成了口朝下。掀开杯子，果然从杯子里找到了3把金光闪闪的金钥匙。

3把钥匙碰到一起，叮叮当当一阵乱响，哧溜，变成了一把大的金钥匙。妞妞一把抓过去，飞快地放出了丫丫妹妹。

洋洋这才完全放心了，细细一琢磨，他发现了这次的规律：

“杯的个数是四个，
翻动一次是三个，
要想知道翻几次，
杯的个数要记住。”

烤 金 饼

救出了丫丫妹妹，大家欢呼雀跃，直夸洋洋脑子灵，丫丫妹妹还流出了感激的泪水。

啪——啪啪！车厢角落里响起了稀稀拉拉的几声掌声。

几个留着长发、歪戴着帽子的陌生男孩子，边拍掌边向洋洋他们走过来。走在前面的是个刀削脸，瘦高个，额头上有个大大的伤疤。

刀削脸来到洋洋跟前，皮笑肉不笑地问："你就是他们的头儿？"

"嗯，算是吧。"洋洋看看妞妞、丫丫说。

"那好，你们刚才的金钥匙呢？这是我哥们丢的。哈哈……"

"休想！这钥匙是洋洋哥从杯子里翻出来的。"丫丫妹妹紧紧地护着金钥匙说。

刀削脸一摆头："上！"

过来两个"小黄毛"，动手就抢金钥匙。妞妞、丫丫不给，双方紧张争夺起来，一边拉住金钥匙的一头，谁也不肯放手。

说来也怪，金钥匙居然越拉越长，越拉越扁。

"哎呀，疼死我了。还不放手？"金钥匙发火了。

啪嗒。金钥匙碎成三块，掉在地上，好像三个金色的玉米饼子。

望着闪着金光的“饼子”，这几个家伙眼都直了，奔上去一阵稀里哗啦地抢夺。

啪！这个人的脸上挨了一“饼子”。噼啪，那个人的屁股着了两“饼子”。不一会儿，几个人被拍得鼻青脸肿。

“好了，别丢人现眼了，都给我住手！”刀削脸喝住了他的那帮弟兄。

他们不抢了，“饼子”啪嗒又落到了地上，还是三块，还是金光闪闪。

“一群笨蛋，看我的。”刀削脸亲自动手来抓金钥匙。

三块“饼子”围着刀削脸，嗖嗖地转着圈儿。几声闷响过后，刀削脸哭爹叫娘，鼻子歪了，耳朵拧了……

“哼！想抓我，除非把我烤热了——”

“怎么烤？”刀削脸捂着耳朵问。

“这个嘛——好吧，话既然说到这里，我就告诉你吧。你听好了。”金钥匙顿了顿。

这时空中响起了嗡嗡声。大伙都很疑惑，屏住呼吸，仔细一听，原来是一个人在瓮声瓮气地说话：“现在我代表金钥匙说话，你们可都给我听好了。假设用一只平底锅烤金饼子，每次只可以放两块饼。烤热一块饼需要2分钟，正反两面各需要1分钟。我的问题是，烤热三块金饼子，至少需要几分钟？该怎样烤？”

“哦呵呵，这还不简单，烤热两块饼子，2分钟搞定。再烤热一个饼子，2分钟搞定。一共4分钟。OK！”刀削脸得意地打着“OK”的手势。

啪！刀削脸挨了一饼子。

“你怎么打人？”刀削脸捂着腮帮气急败坏地问。

“打你还是轻的，把我惹急了，给你铐上金手铐。谁叫你不动脑子的？”嗡嗡声教训道。

这下谁也不说话了，车厢里静得出奇。

洋洋平摊开左手，右手在左掌心里翻过来倒过去，演示烤饼子。

“锅要充分利用，不要有空地……”影子在洋洋耳边，如吹气般说着，最后一个饼子最好有个伴。

洋洋一时不知道到哪里给最后的一个“饼子”找伴，除非把一个“饼子”一分为二……啊，有了。

“你看这样行不行？”洋洋兴奋地说，“先把第一个饼子、第

二个饼子共同烤1分钟；然后把第一个饼子放到旁边，紧接着烤第三个饼子和第二个饼子的另一面，再烤1分钟；最后1分钟烤第一个饼子和第三个饼子的另一面。这样3个饼子都烤好了，一共只需要3分钟，对吗？”

“一点都不错！”金饼子一跃而起，跳到洋洋的手掌上。当啷一声，三块金饼子合成一把金钥匙，依然金光闪闪，而且带着风声。

刀削脸吓得一哆嗦，赶紧开溜。

金钥匙唱起了歌：

“小小烙饼学问多，
一锅两块不放多。
饼子轮烤锅不空，
烤熟一面1分钟，
仨饼至少3分钟。”

金钥匙为什么会越拉越长、越拉越扁呢？金是最稀有、最珍贵的金属之一。文中提到金钥匙会被拉长、拉扁，这当然是种夸张的说法。然而，在某种外力作用下，金子的形状确实是较易被改变的，因为金子具有很强的延展性和可锻性。

迷路神龟岛

晚上走黑路，扑通被绊了一跤，正要冲绊脚石发火，发现原来是乌龟捣的鬼。这乌龟身上还有九宫图、双头龟教你“移形换位”……这些都在神龟岛上。

乾坤大挪移

萧(xiāo)萧家离神龟岛不远,到底有多远呢?也就是一海相隔吧。萧萧迷恋神龟岛已经好多年了,从他懂事起就喜欢上了神龟岛。这次夏令营,终于有机会上岛了。萧萧一上岛就被眼前的景色迷住,他东游游西逛逛,不知不觉脱离了大队。

天渐渐黑下来,萧萧这才想起了怕。好在还有两个小伙伴陪着他——月光和月牙姐妹两个。萧萧不顾天黑路难走,一路小跑往前赶。他们分不清东南西北,在岛上跌跌撞撞,只是一个劲儿往前赶路。

扑通,萧萧撞在一个东西上,摔了个仰八叉。“谁在路中间放了半人高的石头?”萧萧摔了一肚子的气。

“谁啊?干扰我睡觉。”没想到石头说话了,闷声闷气的。

萧萧他们被吓了一大跳,是呀,石头会说话,能不吓人吗?

萧萧点着一堆柴火,这才看清,妈呀,这哪里是石头?原来是一只乌龟,一只

能在山上爬的大乌龟。这么大个的乌龟他们谁也没见过。

萧萧连声道歉:“对……对不起,打搅了您的好梦,万分对不起……”

大龟伸头打个哈欠,摆摆短小的尾巴:“嗯,算了。不过,我的背上有个‘九宫图’,你们填好了才可以上路。填不好嘛——”

“怎样?”月牙妹妹紧张地问。

“那就只好绕道了,”

“绕多远?”

“也没什么,也就多走几十千米路而已。”

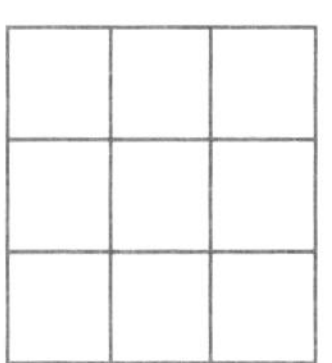

萧萧拿来一根点燃的松枝,把乌龟盖照得通亮。乌龟壳的正中间有九个小正方形拼成一个大正方形(如右图)。

“快来看,这里有一行小字:把1、2、3、4、5、6、7、8、9九个数,填入九个小方格里,使每一个横行、竖行、斜行三个数加起来的和都是15。这要试到什么时候?”月牙妹妹立刻咋呼开了。

萧萧吃过这九宫图的亏,如果一个一个试,有时候能试出来,有时候还试不出来,那个急啊,横行对了,竖行不行,竖行对了,斜行又不行。

好在老师教了一个绝招,也就是口诀。

萧萧嘴里念念有词,把口诀温习一遍,唰唰几下,填好了。

月光姐妹不相信,这么快就解决问题了。

为了证明自己的话是对的,萧萧忙活开了:

先算横行:2+9+4=15;7+5+3=15;6+1+8=15。

2	9	4
7	5	3
6	1	8

再算竖行:2+7+6=15;9+5+1=15;4+3+8=15。

最后算斜行:2+5+8=15;4+5+6=15。

月光姐妹佩服得五体投地，赶忙向萧萧请教。

萧萧想了想,说:

“其实,九宫图是有规律可循的。1、2、3、4、5、6、7、8、9九个数,先把‘5’放在九宫图的中间,‘五居中央’;‘2’‘4’分别放在上面第一行的最左面和最右边,‘二四为肩’;‘6’‘8’两个数,分别放在最下面一行的最左面和最右边,‘六八为足’;‘7’和‘3’两个数，分别放在中间一行的最左面和最右边,‘左七右三’;‘9’和‘1’分别放在中间一列的最上面和最下面,‘上九下一’……”

萧萧说了半天,月光姐妹没听明白,月牙妹妹捂着耳朵大叫:“太乱了,太乱了,你能不能说简单一点,啊？”

“你能把口诀说给我们听听吗？”月光姐姐语气委婉地说。

萧萧一拍脑袋:“哦,对,我刚才解释清楚了,现在只说口诀就行了,这口诀是……”

萧萧哼着黄梅调,咿咿呀呀唱起了口诀:

“五居中央,

二四为肩,

六八为足,

左七右三,

上九下一。”

移形换位

萧萧他们圆满地解决了老龟的"九宫图"问题,找到了规律,并用口诀记住了规律。老龟冲着萧萧他们三人点头,哈哈气,咕咚一声翻下山崖,瞬间消失得无影无踪。

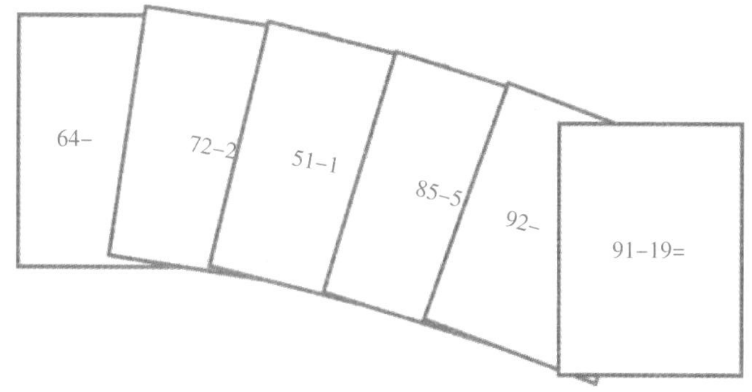

唰唰唰,突然从山崖下飞来几件暗器。多亏萧萧在校队练过武术,眼疾手快,伸手一一接住了。原来是几张硬纸卡片,数数,一共十二张,每张卡片上都有一道算式。

卡片上方写着:看谁口算得又对又快,获得第一名者,将获得"移形换位"武功。下面落款:老龟。

这十二道算式是:

64−46=　72−27=　51−15=　85−58=　41−14=　61−16=

98−89=　75−57=　42−24=　92−29=　82−28=　91−19=

月牙妹妹哈哈狂笑:"这还不简单?算就是了。"

月牙妹妹争分夺秒地算了起来。月光姐姐也抓紧算。

萧萧一看也赶紧算吧，不然，真的就落后了。

没想到老龟的声音在萧萧的耳边响起："不忙，不忙，你先观察观察，看看这些数有什么特点？嗯，你一定很奇怪，怎么会听到我的声音，其实，很简单，我在用千里传音大法和你谈话呢。哈——哈——"

"看看这些数有什么特点？"萧萧不小心说出了声。

"嗯？有什么特点？被减数的十位、个位交换位置后，恰好是减数。"月光姐姐沉吟着说。

"这些算式的答案依次为18、45、36、27……也没什么特殊啊？"月牙妹妹皱着眉头说。

"一九二九不出手，三九四九冰上走……"老龟唱起《九九歌》。

这次大家都听见了老龟唱歌。

"姐啊，他老是唱《九九歌》，是不是这答案与九有关啊？"乖巧的月牙妹妹反应过来了。

"与9有关？让我想想。18=2×9，45=5×9，36=4×9，27=3×9……"月光姐姐掰着手指说。

"哈哈，我知道了！"萧萧高叫一声。

"你知道了？"月光姐妹同时惊呼。

"我知道了规律，你们看：64–46=18=2×9，6–4=2=1×2；72–27=45=5×9，7–2=5=……就是说，两位数减'影子两位数'，就是减数的数字正好是被减数的个位数字与十位数字交换以后得

到的，这时候的差很有意思……”

“很有意思？怎么有意思法？”姐妹俩十二分的好奇。

“这时候的差正好是9的倍数。”

“9的倍数？也就是说差是9乘以几。比如，64–46=18=2×9，6–4=2；72–27=45=5×9，7–2=5……啊，我知道了，这个‘几’就是两位数的数字差。”月光姐姐敲着脑袋，兴奋地说。

“我也知道了，像这种情况的两位数相减，只要看看两个数位上的数字差是几，然后几再乘以9，就是答案了。比如，91–19，先算9–1=8，8×9=72，72就是‘91–19’的差。是不是？”月牙妹妹打着OK手势，得意非凡。

萧萧也很兴奋，说起了快板：

“这种减法变化不大，
先看两个数字之差，
差是几来几个九，
几乘九来得到差。”

《九九歌》：早在春秋战国时期，《九九歌》就已被人们广泛使用。最初的《九九歌》是从“九九八十一”起至“二二如四”止，共36句。《九九歌》就是我们现在使用的乘法口决，分为45句的“小九九”和81句的“大九九”两种。

双 头 龟

经过一夜的折腾,大伙儿都饿了。

月牙妹妹叹着气,说:“要是有包子吃就好了。”

这时,老龟突然回来了:“看你们饿的,唉,还是我老龟去做一点好事吧。我马上去买包子。”

小乌龟看着老龟,看着模模糊糊的影子,把头甩了三甩:“你知道卖包子的地方离这儿有多远吗?有10多里路啊……”

“嘎嘎哈哈呵呵,哦啊,我是谁?我是老龟,不是老鬼,我影子一晃,3分钟,10多里路可以打个来回。”

“哼!吹牛,晃一晃给我们大家看看,啊?”小乌龟们有些不高兴了。

“没问题，不过，你们得告诉我，你们要吃什么馅的？我老龟买的时候好心中有个数啊。”

“这样吧，我们点头表示。爱吃素包子的点点头。”月光姐姐建议。

小乌龟有6个点头，萧萧和老龟点头，一共8个。

“爱吃荤的点头。”

这次小乌龟有5个点头，加上月牙姐妹俩，一共7个。

“8+7=15，不对啊，8只小乌龟，加上我们4个，应该是12个啊，怎么会变成15个呢？”老龟摆着短尾巴，使劲地摇，龟头歪过来晃过去。

“唉，也是的啊，怎么会多出来3个呢？”月光姐妹看着萧萧问。

萧萧看着老龟，可是老龟不看萧萧，耷拉着眼皮，自顾自地摇头摆尾。

看着老龟得意的样子，萧萧的火腾地一下起来了：“老龟，是不是你捣的鬼？怎会多3个人呢？嗯？”

“这个我可以干，但我真没干。”老龟收起笑脸，认真地说。

听着老龟的话，萧萧想起一个小品的话，“有点乱，得从头理一理”。

“这样吧，咱们再演示一遍，刚才怎么点头的，这会还怎么点头。吃素的……吃荤的……”

老龟在一旁帮忙：“来，喜欢吃素包子的站在这边，1、2、3……不错，一共8个。来，来，喜欢吃荤的站在这边。1、2、3……，一共7个。唉，怎么回事啊？你们这3只小乌龟，怎么又跑到吃荤

的这队来了？啊！”

小乌龟吓哭了：“我们3个，喜欢吃素的，也喜欢吃荤的，所以我们……”

“算了，算了，多买几个荤的就是了。”萧萧挥着手对老龟说。

“包子没问题，我就是想弄明白，怎会多出来3个。”老龟乐呵呵地说。

“都怪我们3个贪嘴，我们3人每人都点了两次头，所以多出来3个人，不，多出来3只龟。”3只小乌龟可怜巴巴地说。

老龟哈哈大笑：“点两次头，岂不成了双头乌龟？嘎嘎哈哈……”。

月光姐妹还是不太明白，眼睛一眨一眨地看着萧萧。

萧萧想起猩猩老师讲过这类问题，于是，随手在地上画了起来：

萧萧让3只贪嘴的小乌龟先站在乙的位置上，然后再让吃素的站到甲的位置，吃荤的站到乙的位置。

这时候再数一数，一个不多，一个不少，正好12个。

“如果不这样排队，我就想知道有多少人两种都喜欢，你有

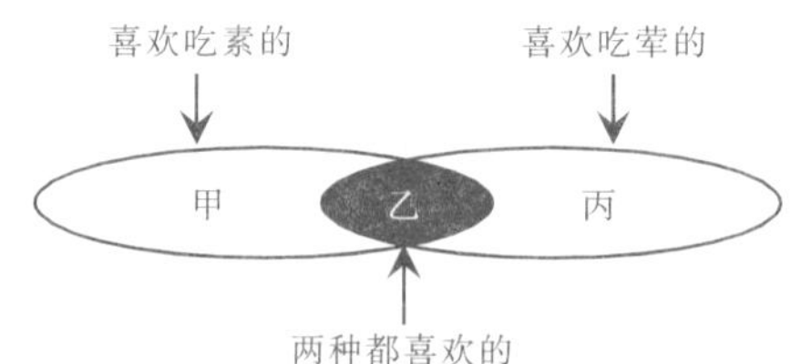

办法吗？”老龟笑嘻嘻地问。

萧萧不说话，列出式子：

(1) 甲+乙+乙+丙=(甲+乙+丙)+乙

8 + 7 = 15

(2) (甲+乙+丙)+乙-(甲+乙+丙)=乙

15 - 12 =3

萧萧写完算式，解释道：“先把两种都喜欢的人数合起来，然后再去掉总人数，差就是两种都喜欢的人数。”

“‘双头乌龟’不难找，

先把部分合起搞，

合起去掉原来的，

剩下就是馋嘴猫。

两样都吃的馋嘴猫。”

三只贪吃的小乌龟互相敲着龟壳唱上了。

双头龟，自然界中真的存在双头龟吗？据专家称，这种乌龟是存在的，虽然非常罕见，但也不是什么太让人吃惊的事，这是一种基因突变的现象，属于一种畸形。

邻居有多远

看着大伙的表现，老龟非常满意，它决定买包子犒劳大家。

“我去买包子了。”说完，老龟身形一晃，立刻消失了。

老龟就是老龟，真是快，不一会，老龟就带回了热气腾腾的包子。

大伙见到包子，一拥而上。

“慢！先向大家介绍三位朋友。”老龟捂住包子，高声说道。

哪来的朋友？大伙儿左寻右找，也没见新人。众人不解地看着老龟，不知道它葫芦里卖的什么药。

看着大伙疑惑不解，老龟得意地笑了。

笑够了，才不慌不忙地从乌龟壳里摸出三样宝贝：一只蚂蚁、一只白蜗牛和一只灰蜗牛。

这下大伙更不明白了，纷纷议论开了：这是要干什么？难道要我们吃这三位？这也太小了啊，况且我们是动物保护主义者……这是……

听着大伙的议论，老

龟的眼泪都笑出来了:“你们……这叫什么事?我——老龟会干出这种事?哈——哈——哈——哈……”

老龟笑够了，把眼泪鼻涕揩干净，这才指着蚂蚁它们说:“伙计,现在请你们三位说说吧。”

三位推让了一会,最后推选蚂蚁出来说。

蚂蚁清了清嗓子,细声细气开了腔:“对不起大家,耽误诸位吃饭了。事情是这样的,这两位蜗牛是我的朋友,白蜗牛家离我家72米,灰蜗牛家离我家26米……”

蜗牛的声音更细更小，红着脸半天才说:“我们的问题是,请你们猜猜我们两个蜗牛的家,相距多远?”

“白蜗牛家离蚂蚁家72米,灰蜗牛家离蚂蚁家26米,72+26=98(米),两家相距98米。”月牙妹妹大大咧咧地说。

老龟咧着嘴,仿佛吃了一百个大苦瓜。

看老龟的表情,萧萧知道月牙妹妹说的有问题,或者不完全。

萧萧画了一个示意图。

月牙妹妹高呼:“对,萧萧哥,我说的就是这种情况,白蜗牛的家和灰蜗牛的家,在小蚂蚁家的两侧。两只小蜗牛,我说的对吗?”

蜗牛歪着脑袋，笑眯眯的，不说对，也不说不对。

月牙妹妹敲着头，左思右想："不可能错啊，看看算式，还是对的。哦，我知道了，他们一定在有意考我。嘿嘿……"

想到这，月牙妹妹笑出了声。

"萧萧哥，你们在有意考我，对吧？"

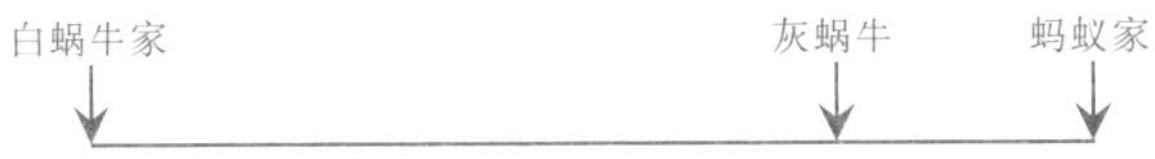

萧萧只是笑，接着又画出另外一个草图。

看着萧萧的草图，月牙妹妹一个劲地嘀咕："萧萧哥，你这个图画错了。"

萧萧还是笑。

月光姐姐看出了门道："我知道了，两个蜗牛的家可能在小蚂蚁家的同一侧。"

萧萧连连点头，老龟也不住地点头。

月牙妹妹看看图，又看看大家，终于使劲地点了点头。

"在同一侧，这时两个蜗牛的家相距72–26=46(米)，这的确近多了。"月牙妹妹不好意思地笑了，两只蜗牛也笑了。

月光姐姐一跺脚：

"两只蜗牛小点点，

两家忽近又忽远，

居在同侧近得多，

居在两侧有点远。"

松鼠站岗

萧萧他们在山里的出色表现,很快传遍了整座大山,动物们都知道山里来了几个不平凡的人物。于是,大家都想见这几个聪明的大英雄,尤其想见萧萧;当然,也想见老龟。可惜,他们只听到名字,传说中谁也没有见过老龟的真面目。

比较幸运的算是松鼠家族了,因为萧萧他们的下一站就是松鼠家族的地界——松鼠山。

为了迎接萧萧他们的到来, 松鼠大王都开了几次会了,主

要研究如何迎接萧萧他们。有的说让几个小松鼠献花,有的说跳松鼠舞,有的说送松子……大家七嘴八舌,说了半天也没有一个令松鼠大王满意的。

突然,一只小松鼠说话了:“他们不是聪明吗?咱们也弄个问题问问他们,今天老师布置了一道作业题,我正好做不好,拿来考考他们,看他们是不是真聪明。岂不是一举两得吗?”

松鼠大王点点头:“嗯,也行。不过,你的问题是什么?说来听听。”

“我的问题是,有26只松鼠,准备站在4棵树上站岗,要求每棵树上的小松鼠的只数都不相同。问站松鼠只数最多的那棵松树上,至少要站多少只松鼠?”

这个问题一出,一个白眉毛的老松鼠就乐了:“这还不简单,1、2、3,前3棵树分好了,剩下的都给第四棵树。26–1–2–3=20(只),第四棵树上站20只松鼠。”

“可是,爷爷,我问的是站松鼠只数最多的那棵松树,至少要站多少只松鼠?至少,懂吗?”

“这个……”

“报告大王,那个叫萧萧的聪明人,已经到了山门口。”一只松鼠哨兵喘着气大声报告。

“那还不赶快迎接?”松鼠大王一骨碌站起来,大步流星地走出去。

见到萧萧他们,松鼠大王深施一礼:“聪明的人,因为我们在解决一个问题,所以迎接来迟,万望恕罪。”

萧萧笑了:“不必客气,不必客气。”

“哎呀,这样说太见外了。不知道什么问题,能难倒咱们大王,说来听听,不知是否方便?”老龟在一旁忍不住打着哈哈问道。

松鼠大王把问题说了一遍,用手一指:“你看,它们正在那儿忙乎呢。”

大伙顺着松鼠大王手指的方向望去,小松鼠正在那儿忙乎呢。

看着可爱的松鼠们,萧萧笑了。

松鼠大王的眉头越皱越紧,在客人面前丢面子,它的脸也挂不住了。

松鼠大王重重咳嗽一声:“都别玩了,快给我站成一排,迎接尊贵的客人。”

萧萧拦住了大王:“好啊,这种欢迎仪式与众不同,很有新意。这样吧,我请一位朋友来帮帮忙。”

萧萧高声呼叫老龟,老龟不好不答应,让它们演练起来。

$\underline{1+2+3}+20=26$。

松鼠一看,不对啊,前3棵树分别是1只、2只和3只,第四棵树20只,不是“至少”啊,还可以少。

老龟哈哈一笑,让“20”里面走出3只松鼠,前3棵树分别加上1只。

$\underline{2+3+4}+17=26$。

“17,还可以少啊。”这次众人高呼。

于是，“17”里面又走出松鼠，前3棵树又分别加上1只。

3+4+5+14=26。

4+5+6+11=26。

5+6+7+8=26……

“停！”老龟高声叫停。

大伙一看，哦，到这里不能继续演下去了，再演就会出现重复数了。

“这样太麻烦了，还有没有更方便的办法呢？”一只小松鼠嘀咕道。

萧萧想想也对，看着算式，思考起来。

萧萧发现这4个数大小接近，两两搭配，最大数加最小数有可能等于26的一半，也就是13，第二大的数与第二小的数加起来也可能是13。而5+8=13，6+7=13，这4个加数大小接近，并且各不相同。由此可知，一棵树上最多可以站20只松鼠。也就是说，站松鼠最多的那棵树上，至少要站8只松鼠。

萧萧说出自己的想法，众人鼓掌叫好。

这真是：

“最多又至少，

麻烦少不了，

找到搭配数，

加加就知道。”

松鼠大王摇着蓬松松的大尾巴，摇头摆尾地说了起来。松鼠大王说完，众人已经踏上了回家的路。

人参姐妹

医书上说:“参,多年生草本植物,喜阴凉、湿润的气候,多生长于昼夜温差小的海拔500~1100米的山地缓坡或斜坡地的针阔混交林或杂木林中。由于其根部肥大,形若纺锤,常有分叉,全貌颇似人的头、手、足和四肢,故而称为人参。人参被人们称为“百草之王”,是闻名遐迩的“东北三宝”(人参、貂皮、鹿茸)之一,驰名中外、老幼皆知……”

今天,我们就说说人参小姐妹的一段故事,故事里有“人参果”“吃人”的山洞、结南瓜比赛、魔幻24K、密码……

只是,这个故事的开头人物是山槐(huái)。山槐读四年级了,家就住在长白山下的一个小村子里。山槐早上去放牛,没想到把牛放到了人参国……

人参姐妹

小鸟在枝头鸣唱，太阳公公揉着惺忪的睡眼，把光辉温柔地洒向大地。草叶上的露珠熠熠闪光，空气中飘着清香。老牛贪婪地吃着青草，山槐闲来没事，在山坡上跑来跑去，追逐蜻蜓、小鸟，山鸡和野兔……

“你弄疼我们了，讨厌！”一个尖细的声音在山槐的耳边响起。

山槐寻声望去，从土里钻出了两个小姑娘。

“你怎么会从土里钻出来呢？你会土遁？”山槐大惑不解。

“我们是人参姐妹。”小姑娘绞着手指不好意思地说，“我们的家在土里。”

“好啊！好啊！欢迎！欢迎！欢迎人参小姐妹！”不知道何时，老牛啪啪地跺蹄子鼓掌了。

山槐的眼睛瞪得老大，老牛什么时候会说话了，那不成了神牛了吗？

老牛乐了：“好好看看，我是你家的牛吗？我是你梦中的那个会上天入地的、会喷牛奶的——"

"疯牛黑!"山槐脱口而出,他立刻想起了梦中那头本事很大的牛。

"小妹妹,你今年多大了?"疯牛黑看着可爱的人参姐妹,笑嘻嘻地问。

"谁是你小妹妹?论年龄我是你姐姐啊。"大一点的人参姑娘乐呵呵地说。

山槐忍不住哈哈大笑,眼泪都笑出来了:"就你?这么一点大也想当姐姐?"

"是真的,我妹妹今年8岁,我都12岁了,难道还不是姐姐?"

山槐点点头:"那——还真是姐姐,人参长寿啊,呵呵。"

"唉,我早就听说有百岁老人参,这是真的吗?"山槐好奇地问。

"呵呵,这个嘛——这样吧,我俩今年也100岁了。"人参妹妹眨着眼,调皮地说。

"嗯?100岁了还是小姑娘,可能吗?"大伙都睁大了眼睛,看着人参姐妹。

"哈哈……"

人参妹妹笑得花枝乱颤,笑得眼泪顺着脸颊流了下来,落在绿色连衣裙上,好似雨珠在荷叶上滚动。

"哈哈,我妹妹是说,当我们姐妹两个的年龄加起来是100岁时,你能知道我和妹妹那时候分别是多少岁了吗?"人参姐姐笑着说。

"开玩笑,这怎么可能知道?"山槐挠着头说。

人参姐妹不说话，只是笑。

山槐沉思着，不说话，他想到了老师说的画线段图，于是在地上画着。

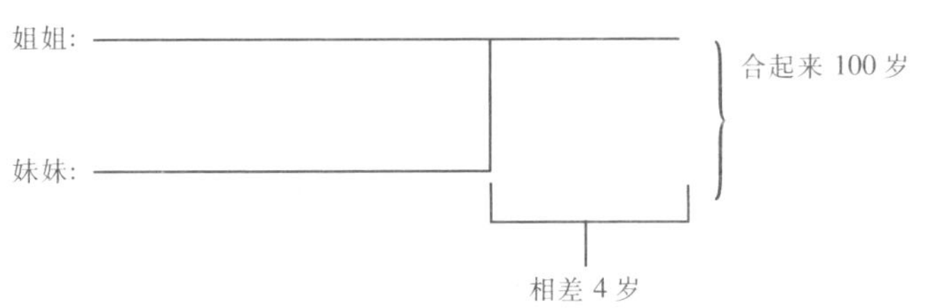

看着线段图，山槐心里有底了，他乐呵呵地对人参姐妹说："姐姐比妹妹大4岁，到你们两个年龄加起来是100岁时，姐姐还是比妹妹大4岁……"

"哦。我知道了。"人参妹妹看着山槐画的线段图说，"如果把妹妹也加上4岁，100+4=104(岁)，若干年后姐妹的年龄和就是104岁，104岁是姐妹年龄和的2倍，一半就是52岁，姐姐这时的年龄是52岁。妹妹比姐姐小4岁，52−4=48(岁)，妹妹这时48岁。"

山槐点点头："嗯，很好。按照你的分析，也可以减去4岁，方法跟你差不多：(100−4)÷2=48(岁)，这是妹妹的年龄。48+4=52(岁)，这是姐姐的年龄。"

"是的，是的。"疯牛黑跳起舞，唱起歌，

"年龄和、差都知道，

加差、减差看准了。

求出二倍再折半，

用差加减就行了。"

人 参 果

人参姐妹非常开心，知道当姐妹年龄和是100岁时，就能算出各自的年龄有多大了。

“为了感谢你们的辛苦劳动，我们姐妹俩送给你们一些人参果。”人参姐姐真诚地说。

“大姐，你碰痛我了……二哥，你往旁边去点儿……”

一阵唧唧喳喳、嘻嘻哈哈的喧闹声传了过来，山槐心里一咯噔：这里还有人？而且还是很多人在一起胡闹？

山槐仔细一看，忍不住乐了，原来是一帮小孩子在打打闹闹。

不过这些孩子有些特殊，大小粗细跟大人的大拇指差不多，不仅有鼻子有眼，有胳膊有腿，而且还会细声细气地说话呢。

山槐愣住了：这是人参果？可是，没有《西游记》中的大啊？难道是人参果小孩儿？

正在他胡乱琢磨瞎猜的时候，人参姐妹说话了：“我说孩子们，站好队了没有？”

这帮小萝卜头一阵乱抢，终于挤进了树藤编的小房子里。山槐细心数了数，一共8间房子，每间房子跑进去了7个

拇指小孩儿(山槐从心里叫他们拇指小孩儿)。

突然,一阵旋风刮过来。呼啦啦一阵响声过后,有人惊呼:“不好了,我们的房子倒了。”

大伙寻声望去,其中一间树藤小房子破了、倒了。

“唉,这可怎么办?”人参妹妹问。

“只好让屋子破了的那些孩子们住到别的屋子里了。”人参姐姐无奈地说。

“这样一来,平均每个小屋子里多住多少人呢?”人参妹妹着急地问。

“这个我知道。”疯牛黑抢着说,“可以先算出这8间屋子里一共有多少个人参小孩儿,再除以7,算出现在每间小屋里一共有多少个人参小孩儿,最后减去原来每个小屋里的人数,就可以算出平均每间小屋多住多少个。我的分步算式如下:

1. 一共有多少个人参小孩:

7×8=56(个);

2. 现在每间屋子住的人数:

56÷7=8(个);

3. 每间屋子多住的人数:

8−7=1(个)。”

疯牛黑说完,斜着眼睛看着人参姐妹,一脸的得意。

“小妹,你看我这样做如何?”人参姐姐歪着头,想了想,边说边在地上画了起来,“我们让屋子坏了的7个人参小孩单独站在一边,没坏的7个屋子站在另一边儿,这样只要把7个人参小

孩儿平均安排到7个屋子就行了，每个屋子多住的人参小孩就是7÷7=1(个),是不是简单了不少？”

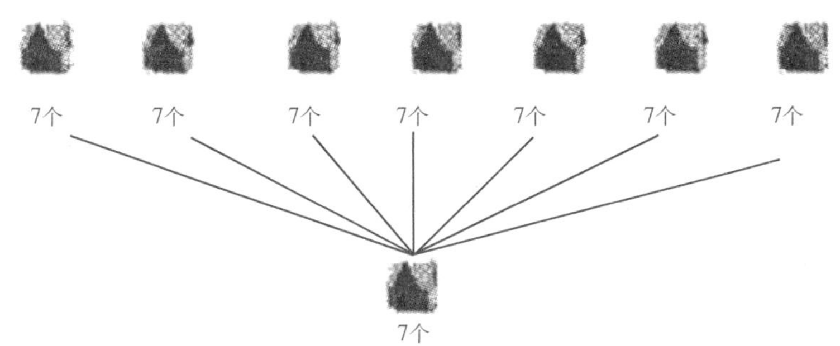

“这种方法不错,想起来简单多了,姐姐就是姐姐。”人参妹妹由衷地佩服。

“不过还有一种方法也不错。”山槐不急不慢地说,“我是这么想的,不管怎样住房子,人参小孩的总数不会发生变化：

原来每个屋子人数原来的屋子数=现在每个屋子人数现在的屋子数

7×8=(　　)×7。”

“呵呵,我知道了。括号里只能填‘8’,也就说,现在每个屋子要住8人,所以比原来每个屋子多住的人数是:8−7=1(个)。”人参姐姐拍着脑袋,恍然大悟。

人参姐妹和人参拇指小孩儿,都竖起大拇指,不停地比划：

“人参果不一样，

每个小屋7个人。

小屋变化人未变，

7人7屋加1人。”

密　码

看着活生生的人参小孩儿，谁也不忍心提什么分人参果的事。大伙儿看着可爱的人参拇指娃娃，非常开心。

“哎呀，坏了，爷爷叫我们按时回家，否则要打烂我们的屁股。”一个红脸的拇指娃娃着急地说。

“爷爷叫我们什么时候回去？”一个绿脸的拇指娃娃问。

红脸拇指娃娃从贴身的口袋里掏出一个信封，信封上写着：

娃娃们要按时回家，否则，会有杀身之祸。切记！切记！在○时与⊙时之间开始往回走，看完信，必须在“⊙×○”秒内做出决定，否则，爷爷也救不了你们。

再往下是奇怪的三个式子：

3⊙+2×○=19，

⊙+○=8，

⊙×○=?

“这个我知道，太简单了。这⊙明显是表示太阳，○自然表示没有太阳了。这合起的意思就是有太阳之后，没太阳之前赶回家去。”人参妹妹自豪地说。

听完人参妹妹的解释，拇指人参娃娃点头称是。

“可是，⊙×○又表示什么呢？”山槐急忙请教。

“它——这个……”人参妹妹一时语塞。

疯牛黑在一旁怪笑不停，山槐也笑了，大伙儿都笑了。

疯牛黑忍住笑："其实，这三个算式是让我们找规律的，只要找到规律，就能知道⊙和○分别代表什么了。"

经疯牛黑这么一说，山槐依稀记得老师在数学兴趣班上说过的话，寻找突破口，用尝试的方法可以知道⊙和○各是多少。

山槐不做声，蹲在地上悄悄地演算起来，从⊙+○=8入手，一个一个试：

假设⊙是0，那么○就是8；

假设⊙是1，那么○就是7；

假设⊙是2，那么○就是6；

假设⊙是3，那么○就是5；

假设⊙是4，那么○就是4；

假设⊙是5，那么○就是3；

假设⊙是6，那么○就是2；

假设⊙是7，那么○就是1；

假设⊙是8，那么○就是0。

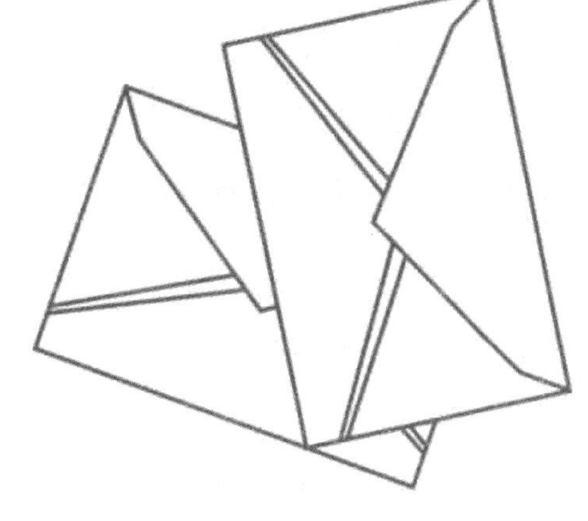

山槐在"假设⊙是4，那么○就是4"上打个叉，明显这个假设是错的，因为⊙和○代表不同的数。

然后再把这些假设和"3×⊙+2×○=19"联合起来试验：

3×0+2×8=16；

3×1+2×7=17；

3×2+2×6=18；

3×3+2×5=19；

$3\times5+2\times3=21$；

$3\times6+2\times2=22$；

$3\times7+2\times1=23$；

$3\times8+2\times0=24$。

“哦，知道了，以上只有$3\times3+2\times5=19$符合要求，就是说，⊙表示3，○表示5。”人参姐姐不停地点着头说。

“噢，爷爷就是让我们在3点钟至5点钟赶回家。”人参娃娃惊呼。

“啊，赶快看看我们做出的决定是否超过了爷爷的要求？”人参妹妹着急地问。

“我来算一下，⊙×○，这里就是$3\times5=15$(秒)，还好，我们在12秒做出了决定。多谢各位了。”人参姐姐抱拳作揖一周，一一谢过。

“哈哈，各位，其实还可以这样来解决问题。通过观察可以发现，3×⊙+2×○=19，就是⊙+⊙+⊙+○+○=19。它比⊙+○=8的2倍多个⊙，

$19-8\times2=3$，说明⊙=3。⊙+○=8，○=5。怎么样？是不是简单一些？”

疯牛黑嘻嘻哈哈地说。

“哦！我们知道了爷爷的密码，我们可以回家了。”拇指娃娃们一边欢呼，一边歌唱，

“密电码不复杂，

尝试分组好办法，

首先找到一个数，

顺藤摸瓜都来啦。”

魔 幻 24k

拇指人参娃娃感谢大家没有把他们分吃了，为了表示谢意，决定在临走之前为大家表演一个魔术：魔幻24k。

人参娃娃拿出一个金灿灿的东西，众人仔细一看，原来是扑克，不过这副扑克与一般的不太相同，它里里外外都是金色的，看着直晃眼。

“其实，我们的要求很简单，就是从这一副扑克牌中，任意抽4张牌，运用‘+’‘-’‘×’‘÷’，把这4张牌上的数组成得数是24的算式，注意，每个数只能用一次。为了表示我们的谢意，谁列的算式正确，我们就把这副24K黄金扑克送给他。”拇指人参娃娃同声说道。

人参妹妹第一个冲上去，抽到了4张牌：

方块A、黑桃3、梅花6和红桃8。

“这个我有经验，曾经玩过，关键是先抓住其中的一个数。”人参妹妹顿了顿，“这里有‘8’，我想到了‘三八二十四’。因此，我就想办法让‘1’‘6’‘3’三

个数的结果是‘3’就可以了。最后用‘3’乘以‘8’即可得到24。具体算式如下：

1×6=6，6−3=3，3×8=24。”

“哦，照这样说，我看到了牌‘6’，‘四六二十四’，想办法让‘1’‘3’‘8’通过‘+’‘−’‘×’‘÷’的运算得到‘4’，不久OK了吗？我的算式是：

1+3=4，8−4=4，6×4=24。”

人参姐姐也不示弱，一口气说出了结果。

山槐点点头，这个游戏他也玩过，他还上电视玩过呢。

“利用‘6’和‘8’的特点，充分运用口诀计算‘24’，是一种比较简捷的方法。”

“如果不能直接用口诀怎么办？”人参姐妹同时问道。

山槐喝口水，说：“我正要说这个问题。如果抽到的4张牌的点数，不能直接用乘法口诀，我们要运用数与数之间加、减、乘、除的关系，让它们的结果是‘24’。还是以刚才的4张牌为例：

6×8=48，3−1=2，48÷2=24。”

哗……

掌声响起，异常热烈。

金牌飞舞，唱起歌：

“24点真好玩，
找到规律并不难。
加减乘除与口诀，
抓住一点巧解难。”

一眨眼又长了

拇指娃娃和大家依依惜别，一步一回头消失在山路的尽头。大家也很舍不得,人参姐妹还抹起了眼泪。

“啊,救命啊——”

大家凝神一听,不好,是人参娃娃们在喊救命,声音又细又尖。众人急忙朝喊声传来的方向跑去。在山嘴的拐弯处,大家看到了抱作一团的拇指人参娃娃。眼睛紧闭,浑身发抖。

“是什么把你们吓成这样？告诉我,好吗？”人参姐姐轻声地问。

“是——你们看！又长了。”人参娃娃指着前面的一根藤子说。

“咳,一根普通的南瓜藤,你们怕它干什么？”人参妹妹不以为然地说。

“哈——哈哈,谁在那儿说话？居然还敢说我是一根普通的南瓜藤。”南瓜藤抖抖身子说。

“你有什么特别之处？我还没有看出来呢。”山槐也说话了。

“这……好吧,站稳了,我让你看看。”南瓜藤生气地说。

南瓜藤唰地一抖身子,瓜藤倏地一下长了1倍。在场的人们都吓了一跳。

人参娃娃簌簌发抖:“刚才它就是这样拦住了我们的去路,

一眨眼，就可以长1倍。我们无法走脱，走几步又被它卷回来了，太可怕了……”

“你太可恶了，为什么拦住他们不让走？他们只是几个小娃娃啊。”

山槐有些生气了，虽然他自己还是孩子，但在这些人参娃娃面前，他觉得自己就是顶天立地的硬汉，他一定要保护这些人参娃娃。

“哦，我也没有什么恶意，就是想和他们玩玩。好了，自然你愿意帮他们出面，你们人类的面子我是要给的。不过——”

“不过什么，快说，山槐哥都能解决。”人参妹妹毫不客气地说。

“说起来也简单。你们不是看见了吗？我一下子可以长1倍，比如刚才1米，我现在可以长到2米。不过，我一天只能长1次，第二天长的是第一天的2倍。我就是想问问，我6天已经长到24米了。你知道当我长到6米时经过了多少天吗？”南瓜藤缓缓地说道。

“这个简单，24÷6=4(米)，每天长4米，6米吗，自然一天半就可以了。”人参妹妹想也不想就说了。

“我觉得有些不对劲儿。”人参姐姐若有所思地说，“假如原

来的长度是‘—’，经过1天的长度应该是‘——’，‘—×2’；再经过1天就是‘————’，‘—×2×2’；经过3天就是‘—×2×2×2’……”

“哎，好玩，经过1天就乘以一个2，经过两天就乘以两个2……经过六天就用‘—’乘以六个2。”人参妹妹高兴得手舞足蹈。

“6个2相乘是多少？”山槐问。

人参妹妹张大嘴巴，一时说不出话来。

疯牛黑在一旁倒着爬来爬去，嘴里哼哼着：“倒着，倒着……”

“对。我们可以倒着往前推。今天的长度是昨天的2倍，那么，昨天的长度就是今天的一半，对不对？”

大伙儿点头，山槐接着说：“24米是长到第6天的长度，那么，第5天应该是第6天的一半，24÷2=12（米），第4天，12÷2=6（米）。也就是说，长到6米时用了4天。”

南瓜藤不说话，掰着手指，念念有词，藤蔓往上翻着，算了半天，一抖身子：“对的，没错！”

人参娃娃吓了一跳，暗地庆幸瓜藤这次没有长，只是跳了跳。

人参娃娃可以继续赶路，心里充满感激，高声唱道：

“一倍一倍往上长，

利用倒推来帮忙。

步步倒推答案见，

眨眼就长也不慌。”

结南瓜比赛

南瓜藤输了，输得口服心服，连说佩服。

“我们不服，坚决不服！”

大伙找了半天，不知道谁在说话，仔细一听，原来是几个小南瓜在说话。

山槐乐了：“你们有什么不服的？”

“我们不服你们会算。”小南瓜抖抖身子说。

“会算？噢，你是说我们会计算，是吧？”人参姐姐笑着说。

“反正就是那个意思。”小南瓜嘟哝着，“要是真会算，帮我们也算一个。”

“没问题，你说吧，有山槐哥呢！”人参妹妹大包大揽地说。

“说就说，谁怕啊。”几个南瓜叽叽咕咕说起来。

后面的话谁也听不清，不知道说了什么。大伙儿建议小南

瓜们推举两个代表出来发言。

小南瓜们经一番推让,终于选出两个南瓜代表:一个紫色,一个蓝色。

“你们两个谁先说?”人参姐姐笑盈盈地问。

“我先说吧。”紫色南瓜喘口气接着说,“我们是两根藤上结的瓜,我们紫色藤上结了56个瓜……”

“……我们蓝色藤上结了20个瓜。我们想赶上紫色瓜的数量,每个星期结14个。”蓝色瓜抢过紫色瓜的话头。

“呵呵,是的。我们不怕被追上,每个星期不紧不慢结5个瓜。”紫色南瓜笑呵呵地说。

“现在我想请你们算算,什么时候蓝色瓜的数量才能和紫色瓜一样多。”蓝色瓜挠挠头,不好意思地笑了。

疯牛黑不说话,在一旁跳着“田方”。

人参姐姐一看明白了,这是提醒大家列表计算。

大伙七手八脚在地上画起来:

瓜颜色	原来	一个星期后	两个星期后	三个星期后	四个星期后
紫色	56	56+5=61(个)	61+5=66(个)	66+5=71(个)	71+5=76(个)
蓝色	20	20+14=34(个)	34+14=48(个)	48+14=62(个)	62+14=76(个)

“咦?我们蓝色瓜4个星期后瓜数就能赶上你们紫色瓜了。哈哈!”

“嗯?蓝色瓜什么时候也会算了?”紫色瓜笑眯眯地说。

蓝色瓜被说得不好意思,小脸更蓝了。

大伙儿都笑了。

笑得最开心的是疯牛黑:"不错,不错!用列表的方法解决这个问题,简单、明了。不过——"

"不过还有另外一种解法。"山槐接过话茬说。

众人都看着山槐,满脸惊诧。

山槐呵呵一笑:"我们知道它们两根藤上原来相差 (56-20=)36个,蓝色瓜一个星期可以追上(14-5=)9个,要追上瓜数相等,一共要(36÷9=)4个星期。就是说,4个星期后,两根藤上的瓜数相等。"

南瓜们佩服得五体投地,叽叽咕咕地唱上了:

"你追我赶结南瓜,
知道两个总数差,
再知一周瓜数差,
列表、计算都行啦。"

文中问题其实可以归结到一个大类当中去,那就是行程问题,用公式来解释就是追及时间=路程差/速度差。行程问题可分为相向运动、同向运动与相背运动 3 种,都可以用速度×时间=路程来解答与分析。

人 参 娃 娃

告别比赛的南瓜们，山槐他们又急急忙忙踏上了回家的路。

“立正！敬礼！”一声响亮的口令在山路边响起。

山槐吓了一跳，仔细一看，不禁乐了，路边一帮人参娃娃举着小手，列队向他敬礼呢。山槐认识其中几个人参娃娃，就是上次他帮过的那几个。

“爷爷，他就是大名鼎鼎的山槐哥，上次多亏他帮忙，要不然……”几个小人参摇着一个大人参的胳膊，这个大人参的眉毛胡子都白了。

“多谢恩人的搭救之恩。为了表示我们的感激之情，特地在此列队迎候，略表寸心。”人参老爷爷说完，指了指身后的正方

形人参队列。

“哇！来了这么多人欢迎。”人参妹妹张开双臂，一脸惊诧。

“呵呵，也不多，一边8个小娃娃。”人参爷爷捋了捋胡子说。

“一边8个，4边，4×8=32（个），一共32个人参娃娃。”人参妹妹十分自信地说。

“这个好像不对。”人参姐姐用手点着，一个一个数，“1、2、3……咦？一共28个，不是32个啊？”

“怎么会是28个呢？”

人参妹妹一百二十个不相信，亲自数一遍，的确是28个。皱着眉头，苦苦思索。

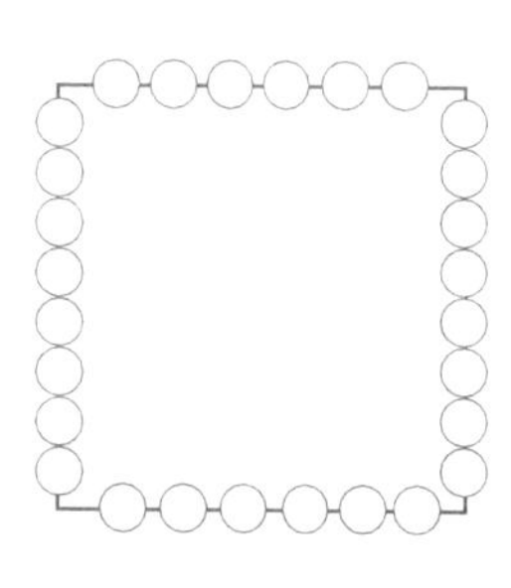

看着人参妹妹着急的样子，人参爷爷笑了：“你说的是4个角上没有站人的情况。其实，每边8个，左右两边8×2=16（个），但是，上下两边这时不是8个了，而是每边6个，6×2=12（个），16+12=28（个）。不信，我们可以演示一下。”

人参爷爷说完，手一挥，人参娃娃的站法变了。

大伙儿一看，还真是这样的。

“爷爷，其实还可以这样算。两个角站人、另两个角不站人。整个分成两大组，每组14人，一共 28 人。

爷爷，就是这样的。”说完又变了一个站法。

“方法不错，只是——啊，哈哈哈嘎嘎……”疯牛黑又在怪笑。

这个站法山槐曾经玩过，他知道疯牛黑肯定在笑还有好的解法。

山槐咳嗽了一声：“这个问题还可以这样解决。如果把每边都看成8个，这样4个角上站的人都被重复算了1次，一共重复了4次，应该去掉4人。8×4=32(人)，32-4=28(人)。”

“照这样说，我们还可以这样算。4个角上的人先不算，这样每边有8-2=6(人)，6×4=24(人)，24+4=28(人)。”人参爷爷笑微微地说。

“我们也可以让每边角上的人只算1次，这样每边是8-1=7(人)，7×4=28(人)。”人参姐姐在地上写写画画后，说出了以上答案。

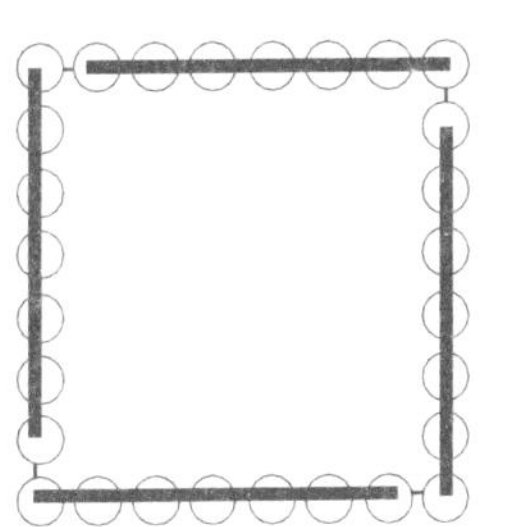

疯牛黑不笑了，带头鼓起掌，哗——哗哗——哗……

疯牛黑鼓掌的声音都是怪怪的。

山槐的算法让人参娃娃们佩服得不得了，他们稚声稚气地唱到：

“小小方阵真有趣，
计算起来也容易。
先把每边都乘4，
最后再把4人去。”

“吃人”的山洞

山槐他们正在热闹，远处传来了“吱嘎”的叫声。

“不好，大雕来了！大家快进山洞。”人参爷爷声音有些发抖。

“你们躲进山洞大雕就不敢来了？”山槐好奇地问。

“大雕不敢来，来了就会被山洞吃了。”一个人参娃娃自豪地说。

山槐看着人参爷爷问：“有这回事？”

人参爷爷点点头：“是真的。这个山洞有点怪，最多只能进去7个人，如果数字超过7个，山洞就会把7个以后进去的统统吃掉，不管你是人还是别的东西，都消失得无影无踪。”

说着话，大伙来到了山洞口。

“哎呀，不好，我们会被山洞吃掉。”人参妹妹惊呼道。

“为什么专吃我们啊？”人参姐姐不解地问。

“刚才不是说了，山洞只能躲7个人，多的都会被吃掉嘛。”

人参爷爷抖抖山羊胡子，乐了：“那说的是以前，

现在这个洞扩大了。一年前的一场暴雨,几个炸雷,洞里能躲的人数增加了4倍。"

"4倍。7×4=28,这只够28个人参娃娃躲的。我们几个无处可躲,要么被山洞吃了,要么被大雕吃了,反正今天是死定了。"人参妹妹几乎哭出了声。

疯牛黑哈哈哈嘎嘎咕咕怪笑了。人参爷爷笑了,山槐也笑了。

"人家都急死了,你还笑,难道你们就不怕死?"人参妹妹抹着眼泪说。

看人参妹妹真急了,山槐止住了笑:"你想错了。爷爷说的增加了4倍,不是说现在是原来的4倍,而是说现在除了原来的1倍外,另外增加4个原来的。换句话说,就是现在一共可以躲的人数是原来的5倍。"

山槐边说边画图。

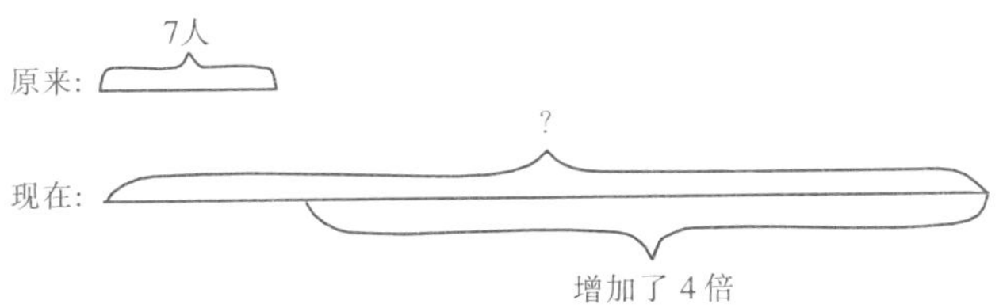

"也就说,原来可以躲7人,现在可以躲7×5=35(人)。"人参爷爷笑微微地说。

"35-28=7(人),再去掉人参爷爷和我们一共4人……"

人参妹妹的话还没说完,就被疯牛黑打断了:"不对,还有

我一个，一共5人。”

“对，是5人，7−5=2(人)，这样还有2人空余呢。我们不会被吃了，哈哈！”人参妹妹激动万分。

报警声在洞口附近响起，大家赶紧躲进洞里。

刚刚进去，洞口刮起一股疾风，好似飞机低空掠过，带着一阵哨音。

“看见了没有？这就是大雕飞来了。”人参爷爷十分害怕地说。

人参妹妹此刻非常开心，对着大雕的背影唱上了：

“大雕大雕别骄傲，

山洞增加4倍了。

来人全部躲其中，

大雕无奈白跑了。”

山洞里响起经久不息的掌声。

在数学学习中，灵活合理地运用线段图来解决问题，往往能达到事半功倍的效果。借助线段图，可以化抽象的语言为具体、形象、直观的图形；可以化难为易，判断准确；可以化繁为简，发展思维；可以化知识为能力，理论与实践相结合。

时间就是生命

躲过了大雕的袭击，众人非常开心，又蹦又跳，又说又笑，热闹非凡。

这时，突然传来了人参娃娃的声音：“爷爷，爷爷，你怎么了？”

只见人参爷爷脸色苍白，豆大的汗珠啪嗒、啪嗒地往下掉。

“别哭，孩子们。爷爷刚才不小心被毒蛇咬了一口。”

“啊，毒蛇？”大家一声惊呼。

“好在我有解药，不要紧”。胡子爷爷闭着眼睛缓慢地说道，“不过这药现在要在20分钟之内服下去。”

胡子爷爷从怀里掏出一包草药和一个微型水壶，缓缓说

道:“这个壶要洗1分钟;草药12分钟煮开,小火再煮3分钟;洗喝药的杯子1分钟;药水冷却3分钟。”

大伙立即忙碌起来。

突然,一个人参娃娃哇哇地大哭起来:“爷爷没救了,我的好爷爷啊……”

大伙一愣,这人是怎么回事?

人参娃娃掰着手指说:“洗壶1分钟+草药12分钟煮开+小火再煮3分钟+洗喝药的杯子1分钟+药水冷却3分钟=20分钟,20分钟到了,爷爷还没吃药,你说……呜呜……”

大伙一想,是啊,这时间是个问题,能不能把熬药的时间缩短呢?

胡子爷爷说不能,曾经有人试过,结果把小命搭上了。

山槐静下心一想,还真有一个办法。

山槐清清嗓子,高声说道:“诸位请注意,听我说几句。刚才的算法有问题。我画个图,大家就明白了。”

山槐拿石块在洞壁上画起来:

洗壶1分钟+草药12分钟煮开+小火再煮3分钟+药水冷却3分钟=19分钟。

“不对啊,山槐哥,刚才明明是20分钟。咦?你怎么没算洗喝药的杯子1分钟呢?”人参妹妹吃惊地问。

“唉,傻娃子,你在熬药的时间里,不能同时洗喝药的杯子吗?”胡子爷爷轻声地说。

“还能更快些吗?爷爷。”人参娃娃带着哭腔问道。

爷爷摇摇头。

大家仔细想想，还真是这么回事，其他地方无法再省时间了。这个1分钟，是救命的1分钟。

实践证明，山槐的推算完全正确，在19分钟的时候，胡子爷爷服下了药，蛇毒很快解了。

人参娃娃激动得泪光闪闪，唱到：

“生活数学不简单，

不是随便就能算。

如果误算一分钟，

要想救命还真难。”

山槐的脸痒痒的，好像是妈妈在抚摸着自己的小脸。山槐脸痒，鼻子也痒，忍不住打了个响亮的喷嚏。睁开眼，山槐看到，自己家的老牛用它那毛刺刺的舌头，正在一下一下地舔自己的脸呢。

空气中人参娃娃的香气依然在，南瓜藤也依然在……

统筹方法：统筹方法是一种为生产建设服务的数学方法。文中所述之事就是充分合理地运用了统筹方法，从而将时间利用最大化，使爷爷得救了。时间就是生命，合理地利用时间从某种意义上来看，就是在延长生命的长度。